俯瞰図から 見える

IoTで激変する
日本型製造業
ビジネスモデル

Internet of Things

日立製作所 元執行役常務 IT統括本部長 **大野 治** 著

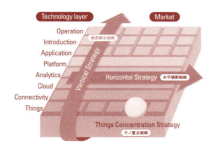

日刊工業新聞社

はじめに

　近年、IoTというキーワードが氾濫している。解説を見ると、IoTはInternet of Thingsの略でモノのインターネット化と訳され、すべてのモノがインターネットとつながることだと言われている。しかし、それが社会問題の何を解決し、ビジネスとしてはどういう価値を持つものなのかについては、関与する人々が自らの思いを込めて、さまざまな意味でこの言葉を使っているため、「IoT」という言葉がかつての「クラウド」（cloud）と同様、明確な定義の無いバズワードと化している。

　だが、これほどまでに騒がれるのは、IoTによって引き起こされる社会変動が、あらゆる人たちに、すべての企業に、大きな影響を与えるからである。だからこそあやふやなままでは困るのだ。よくわからないときは、具体例を用いると理解しやすい。そこでIoT社会の代表として、最近実用化目前になってきた自動運転車を取り上げてみよう。

自動運転車がつくり出す新しい社会

　自動車に搭載された高機能センサーは、制御している自動車の動き、他の自動車の動き、歩行者、潜在的な障害物を検知することにより、迅速かつ安全で適切な行動へ移ることができる。これらの検知能力、対応能力は平均的な人間の能力を大きく上回るので、自動運転により交通違反が減少するだけでなく、交通事故を大幅に減らすことが期待されている。

　アメリカ、ヨーロッパ、日本などの先進国が、自動運転車の最大の目標として掲げているテーマは「交通事故の削減」である。アメリカのランド研究所は、同国における年間衝突事故530万件のうち、自動運転によって3分の1の削減が可能だと見積もっている。

　人間の身体能力は、視覚刺激に対する反応には0.17秒ほどかかるし、運転者が危険を感じて急ブレーキが必要と判断して、足をアクセルペダルからブレーキペダルに乗せかえて、踏み込んだブレーキが効き始めるまでに

も0.7〜1秒ほどかかる。

つまり、人間がブレーキを踏み込むまでの時間は約0.8〜1.1秒で、それに対してコンピューターの処理時間は0.1秒以下であり、人間と自動運転車とを比較すると、車が止まるまでの距離は車の速度を時速50kmとすると、約10m〜14mもの差となり、自動運転車が事故を大幅に減少させると期待できる。

自動車事故の9割は人間のミスによるものと言われているので、高齢者の運転ミスによる痛ましい人身事故などの自動車事故は激減する。すると、自動車保険に加入する人が減るだろう。誰も加入しないと仮定すると、日本の損保会社の売り上げはおよそ半減する。そうなると、損保会社は新たな事業の展開か、人員整理を余儀なくされるはずだ。

また、日本では、少子化によりバスやトラックの運転手が不足することが懸念されているが、自動運転車の登場でドライバー不足を解消できる。さらに、鉱山や建設現場などでの無人運転などにもその技術は応用でき、危険区域での作業効率が格段に良くなる。

高機能センサーによる自動運転の反応速度は人間より速く正確なので、自動運転車が増えてくれば、幹線道路では車間距離を詰め、まるで電車が連結しているように切れ目なく進むことが可能になる。つまり、道路上をより多くの車が通行できるようになる。

これを社会資本の立場で見ると、渋滞が解消するし、高速道路などでの最高速度の制限を撤廃してより高速移動ができることになり、道路の効率的な利用が可能になる。

自動運転車であれば、カーシェアリングも一段と進むし、車は単なる移動手段ではなくなり、新たなエンターテインメント空間にもなるだろう。

これらの変化は、社会に大きな影響をもたらす。たとえば、不動産業の観点から見ると、町の中心地に今ほど駐車場が必要でなくなるし、自動運転車によって通勤や帰宅ラッシュ時などの苦痛から解放されるので、駅近物件が異常に高額という現象も解消されることになるだろう。

IoT社会が到来する

　当然ながら、「さまざまなモノをインターネットに接続する技術」が価値を生むのではなく、「さまざまなモノやヒトなどからデータを得て処理し、現実世界へフィードバックする」一連の活動の成果が価値を生む。要は現実世界の活動に足して、新たな価値を生み出すことこそが肝心なのである。

　たとえば家庭内でも、家電品がインターネットにつながり、自動運転車と同じような変革が進むし、医療でも音声認識や人工知能と医師との連携によって手術の自動化も進むだろう。介護も大きく変わってくるだろう。災害現場へのモノの輸送、人の入れない場所の探索、農業の無人化や自動化なども進むだろう。流通小売業や教育分野も大きく変わってくるだろう。

　これらを社会インフラとして支える通信業や製造業などの企業も変革を強いられる。その中で最初にその変革の波に襲われるのは、製造業でありそこで働く人々だ。

　現在のこの動きはドイツで始まっている。ドイツでは、生産システムのデジタル化に産官学が一体となって取り組み、製造業に革命を起こそうという国策として始まった。続いてアメリカで、製造業であるはずのGEが自身の事業の定義をIoTで変えた。簡潔に言えば、サービスで稼ぐ企業に変身しようとしている。アメリカの企業はコンソーシアムを結成して、このことを強力に推進し始めた。遅れて日本でも、似たような組織が2015年に作られた。

　IoTによる変革の先頭に立たざるを得ない製造業は、「オーダーメイド」と「アフターサービス」という新たなビジネスモデルへと変化していくだろう。それを実現すべく奮闘している世界のメジャー企業は、どのような戦略を持ち、現在どのように取り組んでいるのかを分析することにより、日本企業がこの世界でいかに戦うべきかを本書で考えてみたい。

筆者は日立製作所に入社し、以来ずっと日立グループの中で仕事をしてきた。最初は、公共分野のシステムエンジニアとして活動した。並行して、ソフトウェア生産技術の開発に従事し、加えてプロジェクトマネジメント関連の活動に携わり、失敗プロジェクトを抑止するためにプロジェクトマネジメントの確立に取り組んだ。

　その後、日立グループ全体の社内ITを統括する情報システム部門に移り、長年経験してきたベンダー側の立場からユーザー側の立場に変わった。そして経営メンバーのひとりとしてプロジェクトに投資する側となり、関心事はプロジェクトが産み出す経営価値へと変わった。

　複数年にわたる投資計画のもとに、日立グループ全体のITの標準化と、グローバルでのネットワークからハードウェアやソフトウェアの集約に取り組み、それまで各工場・各グループ会社に分散していた基幹システムを日立グループ全体で一本化した。

　その後、日立グループ各社のCEOやCIOから情報システムの構築およびITの経営への活用に関する相談・支援依頼を数多く受けるようになった。このようなことを経験した立場から、現在のIoTを考察し今後の日本社会にいかに反映していくのかの指針にすべく本書の執筆を思い立った次第である。

2016年12月

　　　　　　　　　　　　　　　　　　　　　　　　　　　　大野　治

本書の構成

　本書は、IoT（Internet of Things）の関係者、特に既存事業のIoT化を検討している企業家（ベンチャー）や経営者、または日本版IoT政策の担当者を想定読者としている。
　IoTはIT業界だけでなく、すべての製造業にとって喫緊の課題である。世界の製造業を牽引するアメリカとドイツは、IoTを産業革命だと位置付け、国を挙げて取り組んでいる。当然ながら、モノづくり立国である日本にとって、21世紀の産業革命であるIoTへの取り組みが喫緊の課題であることは論を待たない。
　では、具体的に何をすればいいのか？
　IoT導入のためには、まず、IoTの全貌を俯瞰できる見取り図として役に立つ書籍が必要である。そこで"IoT"がタイトルに付いている和書をアマゾンで検索してみると、関連書籍や雑誌を合わせると100冊近くもヒットする。今年になって出版されたものだけでも、2016年9月時点で約40冊もある。
　しかし、これほどの出版物があるのに、IoTの全貌が見えてこない。これまで執筆されているIoT関係の書籍、レポート、記事などは溢れかえっているものの、いずれも、市場構造の全貌がわからないトピック集に留まっている。
　驚くべきことに、従来のIoT関連書籍はいずれも、具体的な事例集であったり、個々の技術の詳細であったりと、事業化の参考にはならなかった。つまりは、IoTの導入を喫緊の課題とすべき製造業は日本中に存在するにも関わらず、日本にはIoTの全貌を俯瞰できる見取り図として役立つ本が一冊もないのだ。
　これではただでさえ遅れている日本のIoTは、一向に進展しないのではないか。このような危機感から、筆者自身が「IoTとは何か」、「IoTを導入するためには何をすべきなのか」との問いに真摯に向かい合った結果、

本書を執筆するに至った。

　本書の第1部では、まずアメリカとドイツの動向から産業用IoTとはどういうものかを説明した上で（第1章）、IoT市場の全体像を「技術階層と市場構造のマトリックス」という1枚の地図で明らかにする（第2章）。その結果、IoTに取り組む企業の取り得る戦略は、「垂直統合戦略」「水平横断戦略」「モノ重点戦略」の3つに別れることがわかる。

　次に第2部では、「垂直統合戦略」にフォーカスし、その先駆者であるGEとボッシュの取り組み（第3章）、垂直統合戦略のマーケット（第4章）、そして垂直統合戦略の要であるIoTプラットフォーム（第5章）について考察する。

　第3部では、「水平横断戦略」に着眼し、コネクティビティ層（第6章）、クラウド層と人工知能に代表されるアナリティクス層（第7章）のIT企業の戦略について考察する。

　第4部では、「モノ重点戦略」を採用する企業によって製造現場がどのように変革されているのかを、事例に基づき考察する（第8章）。

　これらの考察を経て第5部では、日本の企業は自社事業をIoT化するために何をすべきか（第9章）、日本はどう対応すべきなのかを提言する（第10章）。

　つまり、IoTの全貌を俯瞰できる地図を提示し、IoT導入の最初の一歩を踏み出すための糧を提供するというのが本書の狙いである。

目　次

はじめに ··· 1
本書の構成 ··· 5

第1部　IoTの全体俯瞰 ···9

第1章　産業用IoTとは何か ·· 10
1. IoTの現在の全体像 ··· 10
2. 事例1　インダストリー4.0（Industrie 4.0）································ 14
3. 事例2　インダストリアル・インターネット・コンソーシアム（IIC）······· 19
4. 結論　産業用IoTの本質とは何か ··· 24
5. 予測　プラットフォームを制する者がIoTを制する ― つわものどもの戦い ··· 26

第2章　IoTの市場構造とは ·· 30
1. IoTは何で構成されているのか ·· 30
2. IoTは8つの技術階層の組み合わせ ··· 32
3. 結論　IoT戦略は3つに分類できる ··· 38
4. 予測　業務提携が成否を決める ― 全階層を自前で揃えるのは不可能 ······· 41

第2部　垂直統合戦略 ···43

第3章　GEとボッシュに学ぶIoTの垂直統合戦略 ································· 45
1. 垂直統合戦略企業の制空権 ·· 45
2. 事例1　GEは顧客に「年率1%の改善効果」を提示 ························· 47
3. 事例2　GEのプラットフォーム開発 ·· 48
4. 事例3　GEのビッグデータ活用の5段階 ····································· 50
5. 事例4　GEの営業手法と巨大組織の動かし方 ······························· 52
6. 事例5　インダストリー4.0のリーダーボッシュ（Bosch）の動き ······· 54
7. 結論　事業のIoT化のコツ ··· 58

第4章　垂直統合戦略のマーケットと日本における市場形成 ················· 61
1. どんな市場があり、どんなサービスが展開されるのか ····················· 61
2. ブルーオーシャンとレッドオーシャンが見えつつある ····················· 66
3. 製造業が垂直統合サービスを実現するためのハードルは何か ··········· 68
4. 結論　垂直統合されたIoTサービスの日本における市場形成 ············ 74

第5章　プラットフォームを制する者が産業用IoTを制する ················· 78
1. IoTプラットフォームとは何か ·· 78
2. 各社のプラットフォームの開発・導入状況 ··································· 88
3. 日本独自のプラットフォームの必要性 ··· 92

第3部　水平横断戦略 ···95

第6章　コネクティビティはどうなるか ··· 98
1. コネクティビティに求められていること ······································ 98
2. 事例1　シスコ（Cisco）の広域コネクティビティ戦略 ····················· 99

3. 事例2　インテル（Intel）の企業内コネクティビティ戦略 ………………… 102
4. 結論　ビッグデータの交通渋滞の解消がカギ ………………………………… 103
5. 予測　交通渋滞を解消できるサービス事業者が市場を独占 ………………… 105

第7章　クラウドとアナリティクスはどうなるか …………………………… 110
1. クラウドとアナリティクスの課題 …………………………………………… 110
2. 事例1　クラウドの革新 …………………………………………………………… 112
3. 事例2　アナリティクスの革新 ………………………………………………… 114
4. 結論　ビッグデータの高速処理と人工知能サービスの優劣がクラウドを制す ……… 121

第4部　モノ重点戦略 …125

第8章　IoTによって製造現場はどう変わるか ……………………………… 127
1. 事例1　3Dプリンタ（Additive Manufacturing） …………………………… 127
2. 事例2　生産自動化（Factory Automation） ………………………………… 132
3. 事例3　自動運転車（Connected Car） ……………………………………… 137
4. 事例4　ドローン（Drone；遠隔操作の飛行端末） ………………………… 145
5. 結論1　生産現場は現実世界から仮想空間へシフトする …………………… 149
6. 結論2　すべてのものが人工知能（AI）によって制御される ……………… 151

第5部　IoTの中で日本・日本企業が生き残るための提言 …157

第9章　企業は既存事業をIoT化するために何をすべきか ………………… 158
1. 自社の事業ポジションはどこか ……………………………………………… 158
2. 提言1　自社製品の「最適化とは何か」の定義から出発せよ ……………… 161
3. 提言2　自社がどの戦略で攻めるのか明確化せよ …………………………… 163
4. 提言3　経営の仕組みを世界のスピードに合わせよ ― 経営者はスペックに関与せよ … 172
5. 提言4　経営者はソフトウェア思考を持て ………………………………… 174

第10章　日本はどう対応すべきか ……………………………………………… 177
1. 今後の世界の潮流 ― 少子高齢化と労働人口 ……………………………… 178
2. 日本のとるべき選択肢は ……………………………………………………… 183
3. 提言1　日本の文化に立脚した日本のIoT戦略 …………………………… 190
4. 提言2　社会インフラのIoT化は国家プロジェクトで …………………… 195
5. 提言3　公共性が高い技術階層は公共で ……………………………………… 198

おわりに …………………………………………………………………………………… 204
参考文献 …………………………………………………………………………………… 206

コラム
インダストリー4.0とインダストリアル・インターネット・コンソーシアムは
　相互補完関係にある ……………………………………………………………… 28
コンストラクタル法則とは ……………………………………………………… 108
ディープラーニング（Deep Learning）とは …………………………………… 123
モノづくりの限界コストがゼロに近づく時代 ………………………………… 155
ソサエティー5.0（Society5.0）始動 …………………………………………… 201
日本人の小国意識 ………………………………………………………………… 202

第1部

IoTの全体俯瞰

　多くの方々の予想とは違い、IoTはバズワードではなく、実体のある活動として始まった。

　まず2011年にドイツ政府が「インダストリー4.0（Industrie 4.0）」を採択し、2013年に国家プロジェクト「インダストリー4.0プラットフォーム」が発足した。一方、アメリカでは2012年にGEが「インダストリアル・インターネット」を宣言し、2014年には業界団体「インダストリアル・インターネット・コンソーシアム」（IIC：Industrial Internet Consortium）が発足した。

　このように従来のIT業界のキーワードとは異なり、組織的な活動が先行して生まれたのが「IoT」（Internet of Things）である。

　このため、本書では「IoTとは何か」を、ドイツのインダストリー4.0とアメリカのインダストリアル・インターネット・コンソーシアム（IIC）との両者の活動内容を俯瞰するところから出発し、その上で具体的に産業用IoTとは何かを探る。本書ではこれら全体を表す言葉として、IoTを使用する。

第 1 章　産業用 IoT とは何か

1. IoT の現在の全体像

ドイツのインダストリー 4.0 （Industrie 4.0）

　21世紀になりさらに発展したIT技術は、当然モノとモノをもつなげ、生産工程もインターネットとつなげるようになった。さらに工場同士もつなげ、消費者のニーズに無駄なく応える「スマート工場」を実現する様相を呈し始めた。

　そのひとつの動きが、今、ドイツが国家を挙げて推進するインダストリー4.0である。この「インダストリー4.0」という命名は、過去の産業革命に続く、第四の革命という意味を持たせようとしたものである。過去の3つの産業革命は、大量生産によるコストダウンを達成して大量消費社会を可能にしてきた。

　　第一次産業革命：蒸気機関の活用の発明による機械工業化：18世紀
　　第二次産業革命：石油と電気の活用による大量生産、大量輸送：
　　　　　　　　　　20世紀初頭
　　第三次産業革命：コンピューターによる生産の自動化、機械の制御：
　　　　　　　　　　20世紀後半

　そして21世紀になって本格化したインターネットの活用と人工知能（AI）による考える工場、つながる産業製品化を、ドイツは第四次産業革命と位置付けた（**図表1-1**参照）。

　このインダストリー4.0の大まかなコンセプトは、2011年にドイツで開催された産業機器の展示会で明らかにされた。そして、2年後の産官学の有識者から成るワーキンググループ（WG）によって最終報告が発表された。

　2012年ボッシュ（Bosch）とドイツ工学アカデミーのエンジニアたち

図表 1-1 「Industry 4.0」の位置付け

は、「インダストリー4.0」と呼ぶ計画をドイツ連邦政府に提示し、スマートな工場へのIoTの導入は、第四次産業革命の表れだと主張した。ドイツは、この第四次産業革命をインダストリー4.0と名付け、国家プロジェクト（関連するすべての製造現場をネットワーク化するのに20年程度かかる）として推進している。

ここに参加するのは、ドイツ政府の強力な後押しを受けた総合電機メーカーのシーメンス、世界最大の自動車部品メーカーのボッシュ、それに世界で一番使用されているERP（Enterprise Resource Planning）パッケージのSAP（エス・エー・ピー）や、IT業界の制覇を目論むIBMなどのアメリカの企業群だ。もちろん、中国やインドなども虎視眈々と覇権を取るべく動いている。

アメリカのインダストリアル・インターネット・コンソーシアム（IIC）

次の大きな動きは、アメリカのトップ企業を中心に始まった。2012年、GEが社会インフラ分野で「インダストリアル・インターネット」を宣言した。続けて2014年、GEのコンセプトを引継ぎ、GE、インテル（Intel）、IBM、シスコ（Cisco）、エイティアンドティ（AT&T）の5社がインダストリアル・インターネット・コンソーシアム（IIC）を設立し、幅広い産業分野でインターネットを活用した消費者へのサービス提供を表明し、世界中の企業にこのグループに入るよう呼びかけ始めた。

インダストリアル・インターネット・コンソーシアム（IIC）には、2015年12月現在で233社が加盟し、2015年に入ってから次々と成果を発表し始めた。

また2015年に入ると、インダストリー4.0の主要メンバーであるドイツ企業の数社が、アメリカのコンソーシアムにも入り始めた。この動きは決して不自然なことではない。

つながるためにはルールを同じくするテーブルに乗っているのが便利なため、主要なグループへの集約がどんどん進んでいくはずである。このグローバルプラットフォームを、ドイツやアメリカを代表する企業が、今、自分たちで作ろうとしている。

日本のIVI

日本は遅れて2015年6月、日本機械学会生産システム部門の「つながる工場」分科会が母体となって、「つながる工場」の実現を目指すコンソーシアムIVI「Industrial Value Chain Initiative」を設立した。そして翌年2016年4月、日本はドイツと手を組むと発表した。

このインダストリー4.0（Industrie 4.0）とインダストリアル・インターネット・コンソーシアム（IIC）とIVIの関係を**図表1-2**に示す。

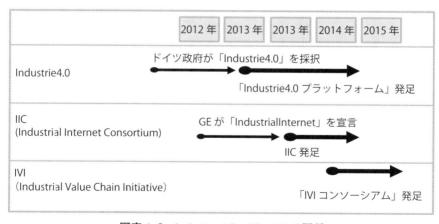

図表1-2　Industry 4.0、IIC、IVIの関係

以上のようにIoTは、ドイツ、アメリカ、日本などの国家や業界団体のそれぞれが主導して始まった経緯があるため、国によって呼び方が異なる。試しにGoogle Trendで検索すると、「Industrial Internet」という単語はGEが「インダストリアル・インターネット」を宣言した2013年から使われ始め、現在もほとんどアメリカのみで使われている。

　同様に、「Industrie 4.0」は「インダストリー4.0 プラットフォーム」が発足した2014年からドイツを中心としたヨーロッパと日本とで使われている。一方、「IoT」は日本でIVIが発足した2015年から日本をはじめとするアジア諸国で使われ始めている。

　このように世界のIoTは「インダストリー4.0」と「インダストリアル・インターネット」の両者が牽引しており、まだ統一名称が存在しないのが現状である。

　よってIoTを知るためにはまず、「インダストリー4.0」と「インダストリアル・インターネット」の活動内容を俯瞰する必要がある。

2. 事例1　インダストリー 4.0（Industrie 4.0）

　2010年にドイツ政府が掲げた「ハイテク戦略2020」の中で、10個の「未来プロジェクト」が紹介されている。その中の一つのアクションプランとして「インダストリー4.0」という概念が、2011年に世に出された。その目指すものは、生産システムのデジタル化により製造業に革命を起こすことだ。

　高い技術力を強みに国際競争力を高めてきたドイツの製造業は、ドイツの全就業者人口の約50％（約1850万人）で、GDPの約20％を占める基幹産業だ。

　しかし、新興国が労働コストの安さを武器に、世界の工場の役割を担い始めている昨今、ドイツは新興国に技術力で追いつかれたら、国内産業の空洞化に拍車がかかると考えた。このような危機感からドイツでは、改めて製造業の重要性が見直されている。

標準化によってドイツをひとつの仮想工場にする国家プロジェクト

　これまでドイツ経済の成功を支えてきたのは、従業員500人以下の中小企業である。ドイツは自国の中小企業が、グローバル化とIT化の波に乗り遅れて、衰退するような事態は避けなくてはならないと考えた。

　そのためドイツ政府は中小企業の研究開発支援に重きを置き、ドイツの国中の中小企業を含めた全工場を統合して、ひとつの仮想工場化するというインダストリー4.0の構想を実現しようとしている。このインダストリー4.0は4つの側面で構成されている（**図表1-3**参照）。

　まず「①価値ネットワークを横断する水平統合」は、企業横断的な協働体制（納入業者、中小企業から大企業、部品会社から最終製品会社まで）に重点を置き、ドイツ中のさまざまな企業を水平横断した協働体制を敷いて、新しいビジネスモデルの実現を目指している。そのため新しいビジネ

①水平統合

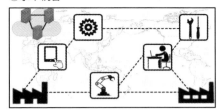

②垂直統合

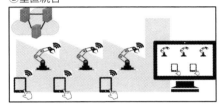

③エンジニアリングのデジタル一貫性

④人の役割の変化

図表1-3　Industrie4.0の4つの側面
出典：「Industrie40実現戦略」JETRO翻訳版（2015/08）を参考に筆者が作成

スモデルの検討がロードマップに組み込まれている。

　次の「②垂直統合とネットワーキングされた生産システム」は、同一企業内でのサプライチェーンのことである。この核心をなすのは生産のネットワーキングで、さまざまな意味でのリアルタイム要件を規定している。この代表例が、シーメンスが開発した、顧客要望を反映させた個別仕様製品を同じ生産ラインで作り分ける「個別大量生産」（Individualized mass production）システムである。生産ラインを流れる製品に取り付けられたチップに入っている情報を機械が瞬時に読み取り、流れてくる製品の一つひとつに異なる部品を取り付けていく。このように個別仕様品も自動化された生産を目指している。

　これらの根底にあるのが「③価値連鎖全体を通じたエンジニアリングのデジタル一貫性」である。これは「Cyber-Physical Systems」とも言われ、水平（企業間）×垂直（サプライチェーン）の全体をサイバー空間上で再現し、生産活動をコントロールするというコンセプトである。

　このような変革は、これまでの産業革命がそうであったように、人間の

仕事が機械に置き変わるなど、確実に人間の働き方を変える。しかし、成功をもたらす決定的要因が人間であることには今後も変わりはない。

そこで「④価値創造の指揮者としての人間」が検討されており、関係者すべて（労働組合および使用者団体等）の支持と支援を得られるような労働環境の整備が検討されている。

以上のインダストリー4.0の4つの側面のいずれもが、長期的な取り組みになることは容易に想像できる。実際、2015年8月に発刊された「インダストリー4.0実現戦略」に記載されたロードマップには、2025年および2035年をゴールとした作業工程が組まれている（**図表1-4**参照）。

まさにドイツは産業労働者の雇用問題に対処するために国を挙げて、産官学一体となって取り組もうと、10年後、20年後の未来に向けて大きく舵を切ったのだ。

	2015	2018	2025	2035
移行戦略				
	インダストリー4.0バイデザイン			
価値ネットワークを横断する水平統合	新しいビジネスモデル用のメソッド			
	価値ネットワークのフレームワーク			
	価値ネットワークの自動化			
全体を通じ一貫したエンジニアリング	現実と仮想の世界の統合			
	システムエンジニアリング			
垂直統合された生産システム	センサネットワーク			
	インテリジェンス-フレキシビリティ変化への対応能力			
職場環境に配慮した新たな労働インフラ	マルチモーダルアシスタンスシステム			
	技術の受容と労働形態			
分野横断的技術の継続的開発	インダストリー4.0の各種シナリオ用ネットワーク通信			
	マイクロ電子			
	セキュリティ＆セーフティ			
	データ解析			
	インダストリー4.0用のシンタックスとセマンティックス			
リファレンスアーキテクチャ・標準化・規格化				
ネットワーキングされたシステムの安全性				
法的な環境条件				

図表1-4　インダストリー4.0のロードマップ
出典：「Industrie4.0実現戦略」JETRO翻訳版（2015/08）を参考に筆者が作成

インダストリー 4.0（Industrie 4.0）の標準化 ── 通信規格

　この長期的な取り組みの最初の突破口が通信規格である。ドイツ中の企業をひとつの仮想工場としてネットワーキングするためには、ドイツ中の企業（工場）のすべての生産設備をつなぐことができる標準的なオープン通信規格が必要になる。そこで「インダストリー4.0実現戦略」報告書では、通信規格の標準化に関する概念に多くの紙面が割かれている。

　インダストリー4.0対応通信は、5つの階層概念で定義している。その上で、通信能力を持つ既存の生産設備・機器（オブジェクト）を、「管理シェル」という論理機能で包み込んでカプセル化（Industrie4.0コンポーネント）し、各工場の各工程（タイプ／インスタンス）との間を、標準規格で通信を可能にするという方向で検討が進んでいる（**図表1-5参照**）。

　このようなインダストリー4.0の議論の特徴は、特定業界ではなくすべての製造業を対象にしている点にある。インダストリー4.0は2015年4月、産業界の共同研究から産官学連携のドイツ国家プロジェクトへと再編された。それに伴い、再編前に掲げていた8つの優先分野の一つである「標準化と参照アーキテクチャ」のロードマップと、インダストリー4.0全体の「実現戦略」が発行された。

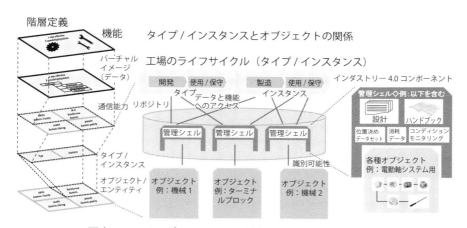

図表1-5　インダストリー4.0対応通信の5つの階層概念
出典：「Industrie 4.0 実現戦略」JETRO 翻訳版を参考に筆者が作成

日本への影響は

　この動きは日本にとって他人事ではない。すでにトヨタは生産設備のネットワーク通信規格を、従来の日本電機工業会の「FL-net」から、ドイツで開発されたイーサネットベースのオープン化通信規格「EtherCAT」（Ethernet for Control Automation Technology）に乗り換えると発表した。インダストリー4.0の波は日本にも確実にやってきている。

　想像してみよう。もし「世界の工場」と言われる中国のすべての工場の生産設備がインダストリー4.0仕様の標準通信規格でネットワーキングされ、あたかも一つの巨大な工場であるかのように生産の自動化を実現したら、日本企業は太刀打ちできるだろうか？

　2014年にドイツのメルケル首相と中国の習近平国家主席が首脳会談を行い、インダストリー4.0協力文書が締結されたことの意味を、私たち日本人はもっと真剣に受け止めなければならない。

3. 事例2　インダストリアル・インターネット・コンソーシアム（IIC）

　インダストリアル・インターネット・コンソーシアム（以降IICと略す）の公式文書に「インダストリアル・インターネット」のコンセプトを図示したものはない。その代りに、IICの原点となるGEの資料「インダストリアル・インターネット」（2012年）に概念が図示されている。
　インダストリアル・インターネットのデータの流れは、産業機器からビッグデータを収集・分析して、人とモノの間で共有・フィードバックできる、クラウド環境を中心としたデータの流れである。

GEの航空機エンジンの例

　GEは航空機エンジンにセンサーを装着して、航空機エンジンのモニタリングや備品・消耗品の適切なサービスをすることで、航空機の最適な運航を提案している。さらに、取得したビックデータの分析により、運用状況や故障の予兆発見などを通して、空港全体の最適化を図ろうというものである（**図表1-6**参照）。
　つまりGEのインダストリアル・インターネットがカバーする領域は、航空機エンジンだけでなく、それを搭載している航空機、その航空機の運航、さらに空港・管制などのすべてを対象としている。GEはこのような航空に関係するシステムすべてを構築することにより、自社の航空機エンジン、装備品の競争力を高めようとしている。

GEのインダストリアル・インターネット事業の方向

　GEのインダストリアル・インターネット事業は、①産業機器（航空機エンジン）、②設備（航空機）、③施設（空港）、④ネットワーク（すべての航空機）の各階層で、ビッグデータを先端デバイスで収集し先端システムでの処理を経由して、⑤各階層で最適化を図る構図を、発電網や医療機関ネットワークなどさまざまな産業分野に拡張している（**図表1-7**参照）。

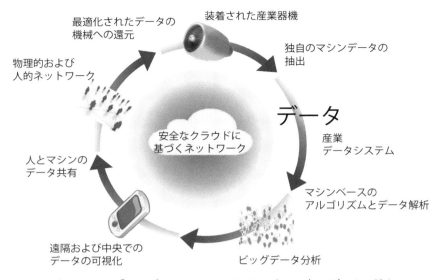

図表1-6　GE「インダストリアル・インターネット」のデータの流れ
出典：GE「インダストリアル・インターネット（2012/11）」を参考に筆者が作成

ゴールドラッシュ状況のIIC

　興味深いのは、前述のGEの報告書「インダストリアル・インターネット（2012）」には、将来のインダストリアル・インターネットの市場規模が世界のGDPの46%（32兆ドル）になるだろうとの予想を記載していることである。この「ゴールドラッシュが始まるぞ！」と言わんばかりのGEの呼びかけに応じて、IICが発足した。そして2015年12月時点では、世界各国の223社が加盟するIoT最大の業界団体に発展した。

　IICの主な活動は、インダストリアル・インターネットのコンセプトに合う顧客導入事例（ケーススタディ）の共有と、インダストリアル・インターネットのコンセプトの実現に取り組んだ「実証実験」の二つである。

先行事例と実証実験を競い合うカウボーイたちの報告会

　IICのケーススタディは、**図表1-8**に示すように、2015年12月時点で22のケーススタディが報告されている。このケーススタディはいずれも、

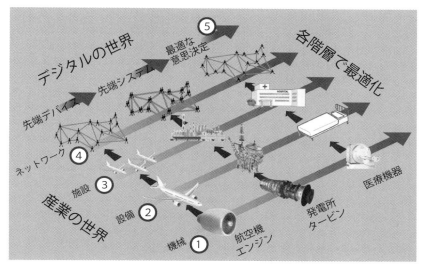

図表 1-7　GE「インダストリアル・インターネット」の応用例
出典：GE「インダストリアル・インターネット（2012/11）」を参考に筆者が作成

IIC加盟企業が顧客に対して納入済みのサービス実績である。

2015年12月時点で9つの実証実験がIICに報告されている。実証実験の目的は「革新的な製品・サービス・手法を生み出すこと」であり、必ずしも標準化を目的とはしていない。だが、実証実験は先進的な結果を誰よりも早く報告することにより、デフォルト・スタンダードを決めてしまおうという意図が感じられる（**図表1-9参照**）。

なお、ここに記しているのは筆者が調査した2015年12月時点の数であり、本書執筆終了時点の2016年9月時点ではケーススタディ数は27、実証実験数は18にまで増えている。読者が本書を手に取った時にはさらに増えているだろう。

IICは、「インダストリアル・インターネット」のコンセプトの下に集まった会議体で、目標・実施内容、日程を共有したプロジェクトではない。ケーススタディも実証実験も組織的な活動ではなく、各企業が個々に

No.	分野	報告企業	内容
1	通信	ピツニー	英国通信社 BT グループの保守エンジニアに対して、カスタマーサービスに必要な位置情報を分析・提供
2	通信	IBM	ボートレース中のレーサーの意思決定を支えるリアルタイムデータ収集・分析をクラウド上で処理するソフトウェア
3	通信	プリズムテック	Nice 市の電子行政サービスのリアルタイムデータ共有基盤（駐車場案内・運送情報・行政サービス情報）
4	エネルギー	GE	シェールガスの巨大なパイプライン・ネットワークをリアルタイムで運用監視
5	エネルギー	GE	風力発電のエネルギー出力向上 (風の条件変動をソフトウェアで計算することによりエネルギー損失を抑制)
6	エネルギー	パーストリーム	風力タービンの生産性向上（加速度・湿度・振動を感知する 150 個のセンサーからのビッグデータを解析）
7	エネルギー	エヌアイ	小規模電力網の急速な電力受給変化に対応するソフトウェアによるリアルタイムデータ収集・分析
8	エネルギー	サイバーライティング	フィンランドの地域温熱供給網の監視・管理・最適化のための IoT アプリケーション基盤
9	エネルギー	モクサー	リモート水源監視（警報データログ取得によるリモート施設管理）
10	エネルギー	アクセンチュア	ガス・石油工場における従業員保護のためのワイヤレスのガス検知システム
11	エネルギー	アールティアイ	急激に変化する風条件に対応するための、風力発電機同士の通信によるタービン稼動の最適化
12	ヘルスケア	アールティアイ	診断とセラピー機能搭載の最新医療用超音波携帯システムのネットワーク統合による臨床と研究への活用
17	セキュリティ	ベルデン	市立ネットワークの分離による安全対策（学校と水処理施設ネットワークなどを分離させてマルウェア攻撃などに対策を講じた）
18	セキュリティ	ワイブインフィニオン	鉄道電機システムメーカーのノウハウ（知的財産）の盗難防止のためのセキュリティ対策
19	セキュリティ	ベイショア	ネットワーク上の文書の一覧化に伴う、その中に含まれる重要機密文書の漏洩防止対策
20	物流・ロジスティクス	NGRAIN	F35、F22 戦闘機のダメージ評価と修理記憶のビッグデータ解析
21	物流・ロジスティクス	エイティアンドティ	コンテナの在庫管理を全世界共通で行うために、GPS で位置を監視し、どこに移動しても把握可能にした
22	物流・ロジスティクス	GE	鉄道の貨物積載容量の増加のための、ソフトウェアによる輸送計画の最適化

図表 1-8　インダストリアル・インターネット・コンソーシアムのケーススタディ
出典：IIC 公式 HP 掲載の Case Study 報告（2015 年 12 月現在）より筆者が編集

No.	報告企業	実証実験
1	インフォシス＋ボッシュ、GE、IBM、エヌアイ、ピーティーシー	生産設備の稼働状況をリアルタイムに把握・分析し、メンテナンス・運用計画の意思決定に繋げ、資産効率を向上させる包括的な手法の実証実験。
2	IBM、エヌアイ	工業施設での状態監視と故障予測に基づくメンテナンス。まずは電力施設で実証実験を行い、将来は様々な工業施設に展開。
3	HP、アールティアイ	以前はDC内でしか見られなかったリアルタイム処理を、物理的に分散された先端領域で実現するための、アルゴリズムとアーキテクチャの開発。
4	富士通、シスコ	製造装置ログ・製造計画/実績・作業員情報等のデータをセンサでクラウドに集約し、工場を見える化。富士通のノートPC、ネットワーク機器工場で実証。
5	GE＋シスコ、アクセンチュア 他	長距離（1000km単位）の巨大インフラ間・工場間のM2Mを実現するための100GB/sの光ケーブルの実証実験。まずは発電プラントで実証。
6	インフォシス、GE	製造故障時の原因特定のために、設計・製造過程データ＝製品一つひとつの「出生証明書」を集め、保守員と共有する実証実験。
7	イーエムシー、他	ソフトウェアで中央制御されたインフラをSDN（ソフトウェアで中央制御されたネットワーク）＋ビッグデータ＋クラウドで実現。アイルランドの救急車・病院システムで実験予定。
8	アールティアイ、エヌアイ、シスコ	小規模発電網におけるリアルタイムな電力の需給コントロールによる再生エネルギーの活用。研究所内試験を経てサンフランシスコで実験予定。
9	ボッシュ、シスコ、エヌアイ 等	工具の位置、使用状況のリアルタイム管理による稼働率向上の実証実験。

図表1-9　インダストリアル・インターネット・コンソーシアムの成果物（実証実験）
出典：IIC公式HPより筆者が編集

実施しているものである。この点がインダストリー4.0と異なる。

　国家を挙げて整然と標準化に突き進むインダストリー4.0にもドイツ人の国民性を感じるが、金脈を目指してカウボーイたちが「われ先に」と競い合っているようなIICにも、アメリカ人の国民性が強く表れているように感じる。同様に、日本には日本人の国民性にあった施策の展開が必要である。

4. 結論　産業用IoTの本質とは何か

インダストリー4.0とIICの共通性は、IICのケーススタディや実証実験の報告から、読み取ることができる。それは、「リアルタイムで進行する事象に対してソフトウェアで自動制御する」ということだ。興味深いことに、それを実現する産業用IoTシステム構成は概ね同じであることだ。

同じシステム構成となっているのは、産業用IoTシステムが「リアルタイム性×広域性」のニーズを満たさねばならいためである。一つは広域分散した設備・インフラに設置されたセンサーやカメラなどからさまざまなビッグデータを、広域ネットワークを介してクラウド上に集約する機能であり、もう一つはリアルタイムで進行する状況に対して、クラウド環境上のソフトウェアがビッグデータをリアルタイム処理し、自動で監視・最適化を実行する機能が必要となるためである（**図表1-10**参照）。

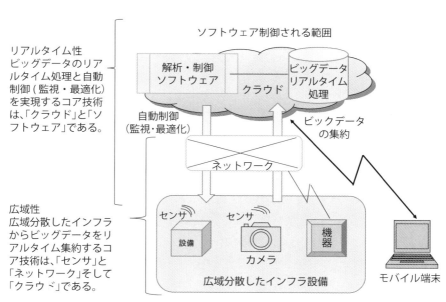

図表1-10　産業用IoTの共通したシステム構成

このため、これらの事例の説明文の中には「Software Defined X（ソフトウェアによって制御されたX）」という用語が用いられている。最後のXには「ネットワーク（Network）」、「設備（Instruments）」、「インフラ（Infrastructure）」、「ソフトウェア（Software）」などのいろいろな単語が入っている。

この中で、「Software Defined Infrastructure（ソフトウェア制御されたインフラ）」という表現が、「産業用IoT」の本質を突いた表現である。インダストリー4.0とIICの共通点から、**インダストリアル・インターネットとは、ソフトウェアによって最適化制御された社会インフラ（Software Defined Infrastructure）である**ことがわかる。

もう一つ産業用IoTの特徴は、製造業がサービス業に変化する点である。そのたとえが、GEは航空機エンジンという「製品」を製造する製造業だったが、IoTによって「ソフトウェア制御によって最適なタイミングでメンテナンスされた低コスト・高稼働率の航空機エンジンを利用できるサービス」を提供するサービス業に変化した。この事例は産業用IoTの本質を表している。

これまで社会インフラを製造して「納入＝顧客の資産として引き渡す」ことに専念してきた製造業は、自社の製品を「ソフトウェア制御されたインフラ（＝メーカー側の資産）を顧客がサービスとして利用する」というビジネスモデルに変わる。

既存事業にIoTを導入することによって「ソフトウェア制御された自社製品の利用サービスの提供」こそが、産業用IoTの本質である。

この表現は長いため、本書では以後、「既存事業のIoT化」または単に「IoT化」と表現することとする。

本書でこの表現を見たときには、GEの既存事業である航空機エンジンが「納入販売から利用サービスへ」と変化した事例を思いだしていただきたい。

5. 予測 プラットフォームを制する者が IoT を制する
— つわものどもの戦い

インダストリー 4.0 と IIC に参画している企業と、IoT 時代の主役企業になろうとしているインターネット企業のグーグル（Google）、アップル（Apple）、アマゾン（Amazon）、フェイスブック（Facebook）の 4 社も加えて、企業の関係をマッピングすると**図表1-11**のようになる。

この図を見ると、世界のビッグプレーヤの多くが参画していることがわかる。これだけの企業がIoTの組織であるインダストリー4.0とIICにかかわっているとなると、現在のIT業界に現われている現象と同じことが、

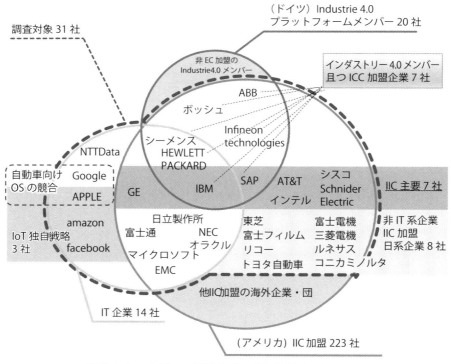

図表 1-11　各社 IoT 関連組織の参加状況及び競合区分

世界中のすべての製造業で起こってくることになる。

　つまり、すべてのものがInternetにつながってくるということは、その接続プロトコルはグローバルで標準になってくるということである。するとどうなるのか。

　これは、現在のアップルやグーグルをイメージするとわかりやすい。世界の国々でスマートフォンが販売されている。その国々にスマートフォンの販売会社はあるが、利益はアップルやグーグルに集中している。一昔前のPC時代のマイクロソフトとインテルに利益が集中したのと同じである。

　つまり、IoTではプラットフォームを抑えたものの独り勝ちの世界になる。そのプラットフォームを誰が握るのか、その標準を誰が先導して決めていくのか、どこにお金が溜まるようになるのか、企業はこれらを見据えて戦略を立てねば遅れをとることになる。

　本書の調査・分析対象企業としては、図表1-11の中心に位置する点線で囲まれた31社を主としてとりあげて、続く各章で全体を俯瞰する。

コラム インダストリー 4.0 とインダストリアル・インターネット・コンソーシアムは相互補完関係にある

　インダストリー4.0の目的は、工業生産国としてのドイツの存続を確実なものとし、さらに強化することを目指している。だがその真の狙いは、ドイツが次の産業革命の主導権を握ることにある。これはあたかもEU発の会計基準IFRSが世界標準になり、会計基準の主導権をアメリカから奪ったのと同一線上にある戦略のように見える。

　だから、インダストリー4.0は、あたかもひとつのプロジェクトとして活動しているかのようで、特定企業が突出することはない。このため、10年後、20年後を目指したロードマップが定められていて、そこにドイツの全製造業が参画している。

　一方でインダストリアル・インターネット・コンソーシアムの目的は、標準化団体に出す要請と優先順位付けを生み出すことだけでなく、革新的な製品・サービス・手法を導出することにあるとしている。だがその実態

	インダストリー 4.0	インダストリアル・インターネット・コンソーシアム
目的	・第四次産業革命の主導権をドイツが握る	・革新的な製品・サービス・手法の創出
組織の位置づけ	・産官学共同の国家プロジェクト（参加はドイツ法人限定）	・加盟企業の活動報告の場＝会議体
成果物発行単位	・プロジェクトとして発行（特定企業の成果を報告したりはしない）	・加盟企業毎に発行
実施内容	・研究推進、標準規格策定等	・実証実験、ケーススタディ
期限	・10 年および 20 年後	・規定なし（実証実験も実用化は数年後）
対象業種	・全製造業共通	・実証実験・ケーススタディ毎に異なる

図コ-1　インダストリー 4.0 とインダストリアル・インターネット・コンソーシアムとの相違点

は、加盟企業が主導権を争うための報告の場となっている。

だから加盟企業は成果物を競い合い、このコンソーシアムを通してディファクトスンダードを確立しようと競っている。そのため、対象業種はインダストリー4.0と異なり、実証実験やケーススタディで決まってくる。

以上のごとく、インダストリー4.0とインダストリアル・インターネット・コンソーシアムは、異なる目標・期限に向かっており、対立関係というより相互補完関係にある。(**図表コ-1参照**)

よって、将来的には両者の成果が業界標準として取り入れられていくことを想定し、まずはインダストリアル・インターネット・コンソーシアムの活動を競合として警戒しながら、インダストリー4.0の活動を将来受け入れるべき通信規格として注視していくべきだ。

第2章　IoTの市場構造とは

1. IoTは何で構成されているのか

　既存事業のIoT化をする上で、具体的に何を揃えればいいのだろうか。IoTと言っても多層構造を持っており、全階層を有機的に統合しなければ「ソフトウェア制御された社会インフラ」にはならない。

　IoTとは、8つの技術階層によって構成されると筆者は考える。この8つの技術階層は、ビッグデータが発生する最下層のモノ（部品・製品）から、最上層の運用サービスまで、データの流れに添って構成されている（**図表2-1参照**）。

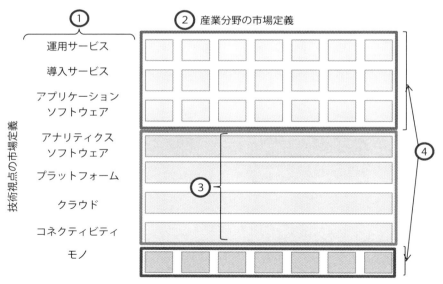

図表2-1　技術視点と産業分野の市場定義
出典：「IDC's Worldwide Internet of Things Taxonomy、2015」を参考に筆者が作成

この図の縦軸①は、第1章の図表1-8に示した「産業用IoTシステム」を抽象化した8つの技術階層で定義している。横軸②は、縦軸の技術を垂直統合してサービスとして提供する産業分野として定義している。

　最下層のモノ（部品・製品）と最上層の運用サービスなどの顧客に近い4つの階層④は、産業分野ごとに開発・提供されるが、中間の4つの階層③は、いづれの産業分野にも適用可能になるように技術開発され、あらゆる産業に対してグローバルに提供されるようになる。

　本書ではIoT市場を、一貫して『縦軸（技術視点）×横軸（産業分野）』のマトリクスで定義し、これを用いて個々の企業戦略を分析・俯瞰する。

2. IoTは8つの技術階層の組み合わせ

まず、IoTの8つの技術階層を理解するために、ビッグデータがモノから発せられた後を追う旅に、しばらくお付き合い頂きたい。

<ビッグデータの発信源 「モノ」>
　ビッグデータの発生源は、多義にわたるセンサーを内蔵したモノ（部品・製品）である。IoTは、あらゆるモノにセンサーが取り付けられ、リアルタイムにビッグデータを発信し続けることから始まる。

　センサーを取り付けたモノは、スマートフォンや家電などの民生品だけではない。発電・送配電・自動車・航空・工場・ビル・運輸・医療などさまざまな分野の社会インフラの各種モノにもセンサーは取り付けられる。

　センサーの大きさはたった数ミリしかない。その中にバッテリーと通信機能を内蔵し、明るさ・場所・傾き・加速度・気圧・移動方向・重力・湿度などさまざまな情報を感知してリアルタイムに発信する。このようにして「すべてのモノがビッグデータで通信するIoTの世界」が実現する。

　さまざまな企業・調査機関が、センサーが取り付けられるモノの数やデータ量を予測しているが、いずれも指数関数的に増加することを示している。存在するすべてのモノにセンサーが取り付けられるのだから当然だ。

　また、センサーを取り付けられたモノ（部品・製品）は、ビッグデータを発信するに留まらない。分析され、予測され、最適化制御される。その結果、社会インフラは今とはまったく異なるサービスを受けることになる。

　たとえば、壊れるタイミングを計って保守される航空機エンジン、変動する電力需要に即応して出力を変える風力発電設備、交信しあって道を譲りあう自動運転車などはすでに実現しつつある。

　グーグルが自動運転車の開発に乗り出し、トヨタがグーグルをライバル

視するような時代がすでに来ている。このように最下層のモノ市場は、従来のモノづくりメーカーとIT企業が協業して、競合する業界にますます変化していくだろう。

＜ビッグデータが集められる通信網　「コネクティビティ」＞

次に、多種多様なモノから発せられたビッグデータは、ネットワークを介してクラウドに収集される。この有線および無線のネットワーク網を「コネクティビティ」と呼んでいる。

今後、膨大な数のモノから、またさまざまなセンサーから、明るさ・場所・傾き・加速度・気圧・移動・重力・湿度などの構造化データや映像・画像・音声・地図などの非構造化データが、固定回線・衛星通信・無線などのネットワーク環境を通して、クラウドへ収集されるようになる。さらにモノだけでなく人が発信する情報も、ツイッター（Twitter）やSNS（ソーシャル・ネットワーキング・サービス）などにより爆発的に増加している。

このように爆発的に増加しているデータは、そのままではネットワーク回線上で渋滞を引き起こす。殺到するビッグデータを滞りなくさばく技術が、IoT時代のコネクティビティには求められる。

そのような技術を開発し、デファクトスタンダードを掌握した企業が、将来的にはコネクティビティ市場を独占する可能性がある。

＜ビッグデータが格納される場所　「クラウド」＞

コネクティビティを経由したビッグデータは、仮想化されたハード領域、つまり「クラウド」に集約され、格納される。大規模なデータの処理に耐え得るためには、ハード領域には拡張性に優れた仮想化技術が重要になる。

IoT時代のクラウドは、モノからリアルタイムで収集されるビッグデータを円滑に処理しなければならない。それに耐え得る高速処理技術や分散処理技術が求められる。

2016年現在、高速処理技術としてはSAP HANA[注1]に代表されるインメモリ技術が代表的である。また分散処理技術としてはHadoop[注2]があり、IoT対応クラウドには必須の技術になっている。

　コネクティビティとクラウドの二つの階層は、IT市場としては従来から存在する市場だ。しかし、従来とはまったく異なる技術が求められ、その開発競争は始まったばかりである。

　この技術階層を「IoT＝クラウドの延長」と誤認して、既存のクラウドサービスを「IoTプラットフォーム」に改称しただけで対応しているITベンダーは、従来のクラウド事業すら守れなくなるだろう。

＜ビッグデータの処理基盤　「IoTプラットフォーム」＞

　モノからリアルタイムで収集されたビッグデータは円滑に処理されなければならない。そこで、それに耐え得る基盤（プラットフォーム）が求められる。ビッグデータの広域収集と、収集したデータをリアルタイム処理することが可能な性能を持つIoT専用のプラットフォームが必要なのだ。すでに多くのITベンダーやIoTサービス提供者が、「IoTプラットフォーム」と称するサービスを提供している。

　しかし筆者の知る限り、IoTの「プラットフォーム」に業界共通の定義はいまだ存在していない。ある者は「OS」と称したり（2012年時点のGE。後にこの表現は見られなくなる）、「ミドルウェア」と位置付けたり（オラクル）、半導体をコアパーツにしたシステム全体を指したり（インテル）と、時と企業によってそもそもどこを指して「プラットフォーム」と

注1）SAP HANA とは、「SAP High-Performance Analytic Appliance」の略で、SAP（エス・エー・ピー）が提供するハードウェアの力を借りた新しいBI製品（Business Intelligence tools）だ。これまで業務系システムから分析データを抽出し、レポートを作成するのに所要時間は数分〜数時間かかっていた。これに対し、SAP HANAベースのBIでは所要時間は数秒になる。また、従来のBIと比較し、短期間かつ低コストでの導入が可能となっている。

注2）ハドゥープ（Hadoop）とは、大規模データを効率的に分散処理するためのオープンソースミドルウェアのことである。

呼んでいるのかの認識すら統一されていない。

　ただし、「モノからリアルタイム発信されるビッグデータを高速処理するプラットフォームが必要である」という共通認識は存在している。

　詳しくは後の章で論じるとして、ここではクラウドビジネスの商習慣に倣って、「インフラ（ネットワーク＋ハード）＋OS＋ミドルウェア」の領域を網羅したものを「プラットフォーム（基盤）」とし、IoTプラットフォームとは、「**モノからリアルタイムで収集されるビッグデータを高速処理できるプラットフォーム**」としておこう。

　すでにGEをはじめとするIoTサービス提供者の間で、IoTプラットフォームの熾烈な開発競争が始まっている。

＜人工知能を代表とする　「アナリティクス・ソフトウェア」＞

　「モノ」から「クラウド」に集約されたビッグデータは、「プラットフォーム」の上の「アナリティクス・ソフトウェア」に回される。

　一口に「分析」と言っても用いられる数学的手段は幅広い。しかしIoT時代の分析には必須要件がある。それは「リアルタイムに膨大なデータを自動解析し、その結果をリアルタイムにモノまたは人間に返す」という点である。これが満たされずにデータが来る度にいちいち人間が分析行為をしていたのでは間に合わない。**そこでIoT時代の分析は「人工知能」が中核にならざるを得なくなる。**

　人工知能研究には長い歴史があり、それに伴い人工知能の定義も変わっている。現時点でも厳密な定義は存在しないと聞く。しかし、ビジネスの世界では「機械学習とその発展としての深層学習（ディープラーニング）」を用いたプログラムを指すことが多い。

　リアルタイムに投げ込まれるビッグデータから次々に学習し、状況の変化を判断して、モノを最適化制御するためにデータをモノやヒトに返す。この一連の処理を、人工知能を中核とする「アナリティクス・ソフトウェア」が担う。

　人工知能は「機械学習および深層学習」の技術が「画像認識」、「音声認

識」、「言語処理」、「パターン解析」などに分かれて発達している。そしてこれらの技術はさまざまな産業分野を横断して活用できる。

　たとえば、スマートフォンに写した外国語の看板を翻訳してくれるサービス（グーグル）も、自動車の前方・後方にいるモノ・ヒトを自動認識する技術も、元を辿れば同じ技術（深層学習を応用した画像認識技術）である。

　このように、一つの技術が実に多くの分野に適用できるのが、人工知能に代表される「アナリティクス・ソフトウェア」の特徴である。

＜産業分野毎に開発される　「アプリケーション・ソフトウェア」＞

　「アナリティクス・ソフトウェア」を各産業分野に応用するためには、産業分野別に開発された「アプリケーション・ソフトウェア」が必要になる。産業分野が異なれば、用いる情報（構造化されたデータの塊）も目的も異なるため、アプリケーションが異なるのは当然である。

　たとえば、同じ画像認識技術であっても自動運転の画像認識とスマートフォンのそれとでは、インプットデータ・目的・処理内容の異なるアプリケーションが必要になる。このため、アプリケーション・ソフトウェアは産業分野毎に開発競争が行われ、産業分野毎に勝者が決まるだろう。

　逆に言えば、この階層以前の「コネクティビティ」から「IoTプラットフォーム」や「アナリティクス・ソフトウェア」までは共通性が高いため、多くのIT市場と同様に、熾烈な競争の末に将来的には特定少数のプロバイダーが寡占する可能性がある。

＜顧客に提供されるサービス　「導入サービス」と「運用サービス」＞

　以上のように、モノから発信されたビッグデータはコネクティビティを経由してクラウドに格納される。そのビッグデータをプラットフォーム上の人工知能などのアナリティクス・ソフトウェアで分析・実行し、その分析結果を産業分野別のアプリケーションで活用するまでのIoTシステム一式を、一般の企業が独自に導入することは困難である。

そこで、このIoTシステム一式を「導入サービス」するビジネスが成立する。すでにGEなど各社によるサービス開発競争が始まっている。
　また導入後、一般の企業がそのIoTシステムを独自に運用することもまた困難である。そこで当然、これらのIoTシステムがあたかもサービスとして（As a Services）提供する「運用サービス」ビジネスが成立する。
　本書執筆段階では「運用サービス」市場が形成されるまでには至っていないが、「導入サービス」が成立すれば確実にその後に「運用サービス」が付いてくるはずである。

3. 結論　IoT戦略は3つに分類できる

IoT戦略の3つのパターン

　前章の**図表1-9**で宣言した本書の分析対象企業について、技術視点の8市場セグメントに対する進出状況を分析してみた。すると、各企業の戦略は、3つのパターンに分類できることがわかった。

　第1のパターン企業の戦略を、「垂直統合戦略」と命名した。このグループは、モノに強みのある企業がプラットフォームを開発し、特定マーケットを対象に全階層を垂直統合してサービス提供する戦略をとっている。

　第2のパターン企業の戦略を、「水平横断戦略」と命名した。このグループは、IT企業がクラウドやネットワーク階層で異なるマーケットを横断して事業展開しているのと同じく、ビッグデータ解析ソフトや人工知能やプラットフォームで優位を築く戦略とっている。

　第3のパターン企業の戦略を、「モノ重点戦略」と命名した。このグループは、モノに強みのある企業が、特定マーケット向けのセンサー内蔵の設備・装置で、優位を築く戦略とっている。

　なお、プラットフォームとアナリティクス・ソフトウェアの2階層は、垂直統合戦略企業が開発するケースと、水平横断戦略企業が開発するケースがあり、協業や異業種競合が発生している[注3]。

　これをIoT市場の『縦軸（技術視点）×横軸（産業分野）』のマトリクス定義で描くと**図表2-2**のようになる。この図に示すようにIoT市場の上位5階層を舞台に、垂直統合戦略の企業が競争し、同じく中間4階層を舞台に、水平横断戦略の企業が競争し、そして最下位層を舞台に、モノ重点戦略の企業が競争していることがわかる。

注3)　なお第3章で後述するが、IoTの先駆者であるGEやボッシュのIoTプラットフォームにはクラウドも含まれている。しかしそれらはあくまでも自社のプラットフォームを構成するハード領域としてクラウドを用意しただけであって、クラウド市場に参入したわけではない。図表2-2と第3章の図表のクラウドの扱いの違いはそのような実情に即したものである。

産業分野の市場定義

```
            ┌─────────────────────────────────┐
            │ 運用サービス                     │
            │                                 │
            │ 導入サービス          垂直統合戦略 │
技術視点の   │                                 │
市場定義     │ アプリケーション・ソフトウェア    │
            ├─────────────────────────────────┤
            │ アナリティクス・ソフトウェア      │
            │                                 │
            │ プラットフォーム                 │
            ├─────────────────────────────────┤
            │ クラウド              水平横断戦略 │
            │                                 │
            │ コネクティビティ                 │
            ├─────────────────────────────────┤
            │ モノ                  モノ重点戦略 │
            └─────────────────────────────────┘
```

図表 2-2　IoT 市場の 3 つの戦略パターン

戦略パターンごとの競合状況

　技術階層の最下層のモノ重点市場は、縦軸の産業分野ごとに細分化されるため、これまでと同様に勝者は産業分野ごとに決まってくる。

　その上位に位置づけたコネクティビティ市場は、産業分野によって細分化されないし、ネットワークの世界は必ず寡占化するため、コネクティビティ市場はこれまで通り、少数の企業による独占が進み、その勝者の利益は大きい。

　その上位に位置づけた同じく横軸を横断する市場でも、クラウドやプラットフォーム、アナリティクス・ソフトウェアの3層は、産業分野に依存するものではないが、各国の政治的要因が絡むため、各国でさまざまな企業がこの市場に参入してくる。このため、自ずと競争が激化する。

　その上位3階層は、これまでと同様に産業分野ごと、個々の顧客ごとに市場獲得を目指した戦いが続く。

　だがIoT時代になると、プラットフォーム上にアナリティクス・ソフトウェアとアプリケーション・ソフトウェアとを構築し、その導入サービスと運用サービスを垂直統合して最終顧客に直接提供する企業が現れる。し

たがって、プラットフォームを構築し、産業分野ごとに垂直統合サービスを開発した企業が、垂直統合市場を押さえ始める。

このあり様は、その下のクラウドとコネクティビティの2階層が、現在でもグローバル横断で標準化が進められているのと同じ動きになる。

この3つの戦略パターン別に、代表的な企業をマッピングすると、技術視点の市場別に代表的な企業が積極的に取り組んでいることがわかる（**図表2-3**参照）。

垂直統合戦略には、GE、ボッシュ、シーメンス、IBMの海外メーカーが、国内では東芝、日立、NECが取り組んでいる。水平横断戦略には、IBM、SAP、アマゾン、オラクル、マイクロソフト、アップル、グーグル、インテル、シスコ、HPなど多数の海外メーカーが、国内では富士通を筆頭にIT企業が取り組んでいる。モノ重点戦略には、後程詳述するが、3Dプリンティング、生産自動化、自動運転車に図表2-3では書ききれなかった多数の企業が取り組んでいる。

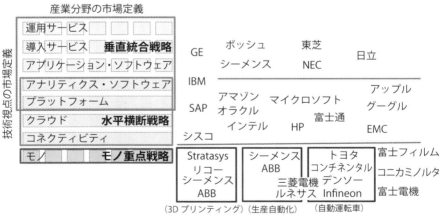

図表2-3　IoT市場のマーケットと企業の取り組み状況

4. 予測　業務提携が成否を決める
── 全階層を自前で揃えるのは不可能

　8つの技術階層すべてをカバーする産業用IoTシステム一式を、自前で揃えることは困難である。このため、インダストリアル・インターネット・コンソーシアムのすべての実証実験、並びに多くのケーススタディが分業によって推進されている。たとえば、GE主催の高速ネットワークの実証実験でも、技術階層のすべてを自前で揃えることは、GEにすらできていないことがわかる（**図表2-4参照**）。

　この高速ネットワークの実証実験では、GEが広域分散したインフラ設備（モノ）を、シスコがネットワークを、そしてアクセンチュア他がビッグデータのリアルタイム処理とその結果での自動制御を担当している。むろん、全体の取りまとめはGEだが、このように分担して実証実験をしている。

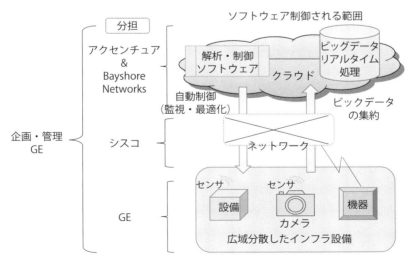

図表2-4　産業用IoT市場のマーケットと企業の取り組み状況

だから、自前にこだわればすべてを揃えることができず、企画倒れのリスクが非常に高い。自社の強みと弱みをよく理解し、「自社が提供すべき箇所はどこか？」、「他社と協業すべき箇所はどこか？」を見定めて、IoTの事業企画および投資戦略をたてることが重要である。
　以上のような市場構造の理解に基づき、3つの戦略パターン別の動向について、次章以降で俯瞰していく。

第2部

垂直統合戦略

　垂直統合戦略を採っている企業は、最下層のモノ（部品・製品）に強みを持つ企業が、モノにセンサーを装着して、プラットフォームとアナリティクス・ソフトウェアを開発した上で、ターゲット市場向けのアプリケーション・ソフトウェアを開発し、さらに導入・運用サービスまでの全階層をそのマーケットとするものである（**図表A参照**）。

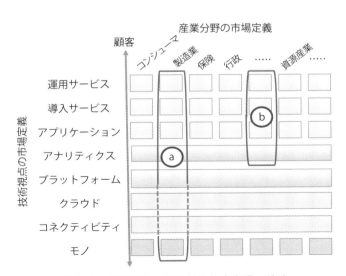

図表A　垂直統合企業の技術視点市場の戦略

垂直統合戦略を採っている企業は、8つの技術視点の全階層が対象市場だが、特に上位5階層には、GE、ボッシュ、シーメンスなど海外メーカーや、東芝、日立、NECなどの国内メーカーが、自社のモノ（部品・製品）とそれが発するビックデータをリアルタイムで解析するプラットフォームを武器として、この垂直統合のサービス市場に参入している（図表Aの(a)）。

　また、IBMやNTTデータは、自身ではモノ（部品・製品）を持っていないので、アナリティクス・ソフトウェアを整備して、技術視点の上位4階層を対象にした垂直統合のサービス市場に参入しようとしている（図表Aの(b)）。

第3章 GEとボッシュに学ぶIoTの垂直統合戦略

1. 垂直統合戦略企業の制空権

垂直統合戦略をとるにはプラットフォームが必須

「モノ（部品・製品）」とそれが発するビッグデータをリアルタイムで解析する「IoTプラットフォーム」とで、ターゲット市場向けに技術階層を垂直に貫いたサービスを顧客に提供する垂直統合戦略の成否は、必須となるプラットフォームをどう確立するかが、一つ目の勝負どころである。

垂直統合戦略でもう一つ大切なことは、一旦獲得した顧客のトータルな問題に継続して、タイムリーにどう応えていくのかの戦略を明確にすることだ。これが二つ目の勝負どころである。

垂直統合戦略で先行している企業は、プラットフォームの構築をすでに終えていて、市場の拡大・支配に乗り出している。

垂直統合戦略をとっている企業

垂直統合戦略をとっている代表企業であるGE、ボッシュ、シーメンスは、それぞれが個別にプラットフォームとアナリティクス・ソフトウェアを開発した上で、ターゲット市場向けのアプリケーション・ソフトウェアを開発し、さらに導入・運用サービスまでの全階層を狙っている（**図表3-1参照**）。

垂直統合戦略で先行しているGEは、ビッグデータ解析プラットフォーム「Predix」と航空機エンジンなどのキーデバイスで、垂直統合サービスを始めている。この両輪で顧客の寡占化を図りつつ、産業分野を一つひとつ着実に広げている段階だ。

これらの垂直統合戦略をとっている企業の系統を追っていくと、リー

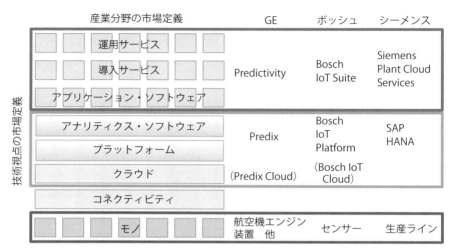

図表 3-1 垂直統合企業（GE、ボッシュ、シーメンス）のマーケット戦略

ダー企業とフォロワー企業の関係は明らかだ。2014年にインダストリアル・インターネット・コンソーシアムの発足を主導したGEとインダストリー4.0を牽引しているボッシュとシーメンスとが垂直統合戦略のリーダーだ。これに日系企業の東芝、日立、NECの3社が垂直統合のフォロワーとして続いている。

東芝は2015年にGEのプラットフォームPredixを導入し、2016年から垂直統合の試行を始めている。日立は2007年から「IT×インフラ」を掲げ事業展開してきたものを集大成したプラットフォーム「Lumada」の販売を2016年に開始した。NECは2015年に体制を構築し、プラットフォームを開発中である。このように戦いは、まだ始まったばかりである。

先行企業が競っているマーケットは、産業分野別の激戦区から空白地までの状況が、今後よりはっきりと見えてくる。最後は、最終顧客単位に勝者が決まるだろう。

以下に、IICの発足を主導したGEと、インダストリー4.0の実質的リーダーであるボッシュの垂直統合戦略はどんなものかを俯瞰する。

2. 事例1　GEは顧客に「年率1％の改善効果」を提示

　GEは多様な業態を抱えるコングロマリットから、インフラ事業に特化したリーダー企業へと事業ポートフォリオの再構築をするために、家電と金融の二つの事業を本体から切り離した。これによりGEのインダストリアル・インターネットの事業化は、GEのすべての事業が対象となった。つまり、GEはIoTに総力をかけることを宣言したのだ。

　GEのインダストリアル・インターネットの特徴は、「全世界での工業エネルギー消費におけるエネルギー生産性の改善率を、現在の年率1％から2％に変える」と明記していることにある。つまりGEは、顧客に対して「年率1％の改善効果」を投資対効果として提示し、コミットメントしているのだ。

　たとえば、航空会社には、燃費を年率1％改善すると300億ドル、電力会社には、燃費を年率1％改善すると660億ドル、鉄道会社には、鉄道システムの非効率性を年率1％改善すると270億ドル、ヘルスケア会社には、システムの非効率性を年率1％改善して660億ドル、石油・ガス会社には、資本支出を年率1％改善すると900億ドルの効果があると、GEは各社に提案している。

　またGE社内の事業部門には、それを可能にするような「社会インフラのハードウェアとクラウド上のソフトウェアの統合」のサービス開発を、各事業セグメントに命じている。GEはこのように具体的な目標を事業セグメント毎に掲げることにより、巨大組織を新規事業に向かわせている。

3. 事例2 GEのプラットフォーム開発

GEは技術視点の最下層の航空機エンジンなどの機器を販売してきた。だが、GEはIoTに取り組むに当たり、ビジネスの「デジタル化」に取り組み、ビッグデータ解析プラットフォーム「Predix」を開発した。Predixは技術視点のプラットフォームとアナリティクス・ソフトウェアの2層をカバーしていて、産業機器の性能や稼働状況の分析と機械・データ・人を繋げる標準手法を提供することにより、顧客の資産と業務の最適化を可能にしている。

さらにその上位3階層（アプリケーション・ソフトウェア、導入サービス、運用サービス）をカバーするのがPredictivityソリューションである（**図表3-2**参照）。

この図に示すようにPredictivityソリューションは、GEの本業である航空機エンジンなどのインテリジェントマシーンから取得したビッグデータで、資産と業務の最適化を行うための予測分析を行う。これにより、顧客

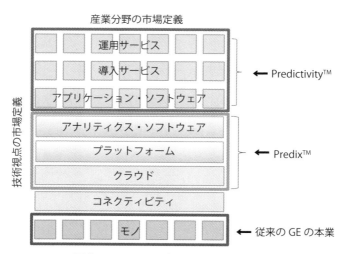

図表3-2　GEのプラットフォーム構成

はより高い信頼性、運用コストの削減、環境制御の向上、および収益性の向上の恩恵を受けることができるという。

ビッグデータ解析プラットフォーム「Predix」の構成を**図表3-3**に示す。この図の左端のセンサーから発信されたデータを分析して機器ごとのアプリケーションを実行するソフトウェアレイヤPredix Machine①と、産業機器とクラウドをつなぐ通信サービスPredix Connectivity②、これを受け取り産業機器の操業負荷を最適化するためのグローバルクラウド環境Predix Cloud③、そしてGEのパートナー会社のシステムデベロッパーが担当するPredix Services（運用サービスと、顧客向け運用サービス）④の4構成である。

GEはプラットフォーム「Predix」をどのように開発したのだろうか。当時、GEは情報通信システム事業を保有していなかった。そこでGEは、まず2011年に10億ドルを投資して、シリコンバレーにGE Softwareを設立した。このGE Softwareが社会インフラから取得するビッグデータ解析のプラットフォーム「Predix」を開発した。

そして、Predix上で稼働する資産と業務の最適化を実現するためのアプリケーション群「GE Predictivity」をデベロッパーと共同で開発した。今やそのアプリケーションは120個にも達し、その販売も始めた。

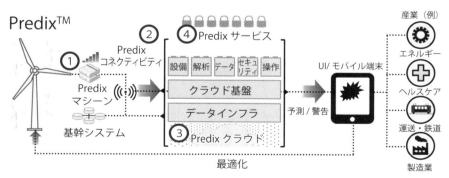

図表3-3　ビッグデータ解析プラットフォーム「Predix」
出典：「Predix Architecture and Services（GE Digital、2015）」を参考に筆者が作成

4. 事例3　GEのビッグデータ活用の5段階

GEは、産業用IoTのビッグデータ活用には5段階あると考えている。第1段階は「接続」、次に「監視」、「分析」、「予測」、そして「最適化」に至る5段階があるとしている（**図表3-4**参照）。

GEと世界最大の経営コンサルティング会社アクセンチュアとの共同実施調査の結果によると、IoTに取り組む企業の多くは、ビッグデータ活用は第3段階の「分析（Analyze）」に注力しているという。

だがGEは、前述した「顧客へ年率1％の改善効果」を提供するためには、第5段階の「最適化（Optimize）」まで行う必要があると考えている。このため、「最適化」が各種GE文書のキーワードになっている。ここで「最適化」とは、具体的には「Software Defined Machine（ソフトウェア制御されたマシーン）」を指す。

GEは事業別にPredixの用途と実現する「資産の最適化」、「業務の最適化」を定義し、顧客にとっての投資対効果を定めている。

たとえば航空機事業での資産の最適化とは、飛行中の航空機エンジンから性能監視センサーでデータを収集し、それを活用して修理の必要を見越した予防保全とスペアパーツの迅速な配備の両方を可能にすることである。

航空機事業での業務の最適化は、ビジネス・パフォーマンスと各種の操作規則の適切な遵守を確実にすることだ。たとえば、修理の遅延や航空乗務員または資産の疲労を見越して意図的に冗長性を持たせたバックアップ

図表3-4　GEのビッグデータ活用の5段階

出典：「Industrial Internet Insights Report」GE & Accenture 2014を参考に筆者が作成

体制の展開や代替用の資産の準備をするなどである。この効果は、潜在的な資産の障害状態から効果的な予測と診断を可能にする。たとえば、ダウンタイムを最小限に抑え、ビジネスやサービスの中断を最小化する代替ソリューションを用意できるなどだ。

そしてこの評価指標（KPI）を、オンタイム発着と運用コストと混乱時のコストと定義している。つまり、ソリューションの提案時に、顧客の運用段階での評価指標を提案し、その評価指標を顧客と共有することで、評価指標のフォローを通しての顧客事業の最適化を実現しようと提案している。これは驚くべきことである。

スマートな送配電を実現するエナジーマネジメント事業でも同じだ。ここでは、変電や配電装置の性能を最適化するために、リアルタイムでの監視と制御をする。これにより、コスト削減を可能にしている。さらに、発電・水事業でも配電線設備をリアルタイムで監視することで、変圧器の潜在的な障害を警告するなどして、電力の品質を高める評価指標を設定した提案活動を行っている。

また、ヘルスケア事業では、医療機器パフォーマンスのリアルタイム監視と医療機器の移動を追跡することにより、複雑な固定位置資産の動作状態を監視し、予防保全を可能にしている。

さらに、運輸・鉄道事業でも、機器や車両の見える化、リアルタイム監視により資産の信頼性、使用率およびパフォーマンスの改良を評価指標として設定した提案活動を行っている。

オイル・ガス事業でも、シェールガス、タイトオイル、オイルサンドなどの掘削ドリル先端のデータの予測分析を行うことで、潜在的な掘削ドリルの故障、スタックパイプや水圧破砕の乾燥のリスクを最小化する評価指標を設定した提案活動を行っている。

このようにGEは、すべての事業部門で最終顧客にとっての最適化を明文化して、顧客と社内とで、その評価指標（KPI）を共有している。

5. 事例4　GEの営業手法と巨大組織の動かし方

　前述したようにGEは、顧客が投資回収シナリオを予め描ける構想にした提案をしている。これをGEのすべての部門で大車輪のように回し始めているので、各部門がトップシェアをとるのだろう。これは巨大組織を経営する手法として、大企業病に犯されがちな日本企業にとって見習うべきものである。

　GEは130年以上の歴史を持つ、世界有数の巨大企業である。そんな伝統ある巨大組織の事業部門が、設立したばかりのソフトウェア会社が開発したプラットフォーム「Predix」とソリューション群「Predictivity」に、事業の将来を全面的に任せるようなことができたのには、GEの事業展開に二つの大きな「仕掛け」がなされていたからだ。

　その「仕掛け」の一つが、GE Softwareの営業パンフレットにある。そこには、「GE SWATチーム」と顧客の共同検討により、7営業日でアセスメントを行い、推奨ソリューションと投資対効果を提示することが記されている。

　GE全体の産業用IoT関連受注に占めるGE Softwareによる受注割合は不明だが、GE全体からみればそれほどの規模があるはずはない。だから、従来の組織にとらわれず機動的に動けるGE Softwareを先頭に立てて、まずは受注を獲得することにより、既存組織を新規サービスへ注力させようとしているのではないか。このような巨大組織の動かし方は、日本企業にとっても示唆に富んでいる。

　GEの事業展開は8つの技術階層の最下位に位置する航空機エンジンなどのモノづくりをベースにして、Predixの上に構築した航空の「Predictivity」ソリューションを用いて、航空産業に対する垂直統合サービスをしている。このモデルをGEは、GEのすべての製品群に適用しつつある。具体的には、事業別にPredix上で動くアプリケーションを用いたソリューション群を構築している。

また、これらの最適化実現策の詳細は、各事業組織でなければ立案・開発は困難である。このことから、Predixの開発はGE Softwareが担当し、事業部門ごとのソリューションの開発「Predictivity」は、各事業部門と協業デベロッパーが担当している。このためにPredixの技術情報は、デベロッパーに公開している。
　「仕掛け」の二つ目が、ビッグデータ解析プラットフォーム「Predix」とソリューション群「Predictivity」の開発と売上計上の仕方にある。「Predix」の開発を担当しているGE Softwareにインダストリアル・インターネットという未知の事業の採算性を求めていない。GE Softwareには開発と新規事業営業というリスクのある仕事を担当させた上で、あくまでもコストセンターと位置づけることにより巨大組織には求めにくい機動的な動きをさせている。その結果、GE Softwareに牽引される形で、既存の巨大組織を新規事業に向かわせている。これがマネジメント上の工夫の一つなのではないか。

　以上の取り組みの結果、2011年の始動から3年で1.4Bドル（約1600億円。GE売上の1％に相当）が「Predictivity」ソリューション売上となった。まだ、わずか1％であるが、GEのすべての事業部門に跨ったこの事業展開のスピードは驚異的である。
　さらにGEは開発したPredixを、垂直統合戦略を採用する自社の事業部門のIoTプラットフォームとしてだけではなく、製造業を営む企業の社内効率向上を図る際の産業用IoTのインフラとして、販売も始めている。
　このようにGEは、スマートフォン業界における現在のグーグルやアップルと同様に、製造業のプラットフォームを作り上げようとしている。日本の企業は、ここを欧米企業に独占させてはならない。

6. 事例5　インダストリー4.0のリーダーボッシュ（Bosch）の動き

ボッシュのマイクロセンサー

　GEと並んで製造業におけるIoTの導入を牽引しているのが、ドイツの自動車部品会社であるボッシュだ。ボッシュは日本ではあまり聞きなれない企業ではあり、「GEに並ぶ存在というならシーメンスが先ではないか？」との声がよく聞かれる。実際、日本でインダストリー4.0の事例が紹介される場合、ボッシュの事例ではなくシーメンスの事例が紹介されることの方が圧倒的に多い。

　しかしボッシュこそがインダストリー4.0の全般的な運営を担う運営委員会の委員長であり、インダストリー4.0の実質的なリーダーである。ボッシュの事業は7割が自動車部品事業だ。「自動車部品会社が世界のIoTを牽引している」というのは一見奇妙に聞こえるが、その疑問を解くカギがボッシュのセンサー技術にある。ボッシュの自動車部品事業の多くがセンサー技術を保有しており、ボッシュはこのセンサー技術を武器に世界のIoTを牽引しようとしているのだ。

　ボッシュのマイクロセンサー（MEMS：Micro Electro Mechanical Systems）事業は、1995年のセンサー生産の量産化以来、50億個のセンサーを製造しており、2015年時点で毎日400万個以上のセンサーを製造している。

　このマイクロセンサーの大きさはわずか数ミリなのに、その中にバッテリー、センサーだけでなく伝送装置を内蔵している。ボッシュのマイクロセンサーは、明るさ・場所・傾き・加速度・気圧・移動方向・重力・湿度などを感知する。

　そしてセンサーが感知したデータをクラウドに蓄積し、それらをクラウド内で処理し、その結果をさまざまなアクチュエータと連携することにより自動化を実現している。たとえば、在庫情報をもとにした自動発注や、モーターの故障を検知して修理が必要だとのアラームを発信する。あるいは、窓の閉め忘れを検知してスマートフォンに通知するなどである

（図表3-5参照）。

　もともとは自動車用分野の用途として開発されたボッシュのマイクロセンサーだが、今ではスマートフォンやノートPC、タブレット、ゲーム機、スポーツウォッチなどにもその技術が応用されている。キーを使わずに指で操作するスマートフォンの機能は、この高感度センサーなくして成り立たなかった。そして今や、全世界のスマートフォンの半数にボッシュのセンサーが搭載されている。

　さらに、最新の自動車や民生用電子機器もボッシュのマイクロセンサーなしでは実現は不可能とまで言われている。つまり、最新のモバイル機器で目や耳、さらにそれ以外の知覚器官としての役割を果たすのが、ボッシュのマイクロセンサーなのだ。

ボッシュのプラットフォーム

　ボッシュは実験を重ね、「IoTは幅広い異なるアプリケーションによって実現されるが、それでもほぼすべてのIoT事例には共通の要求事項があ

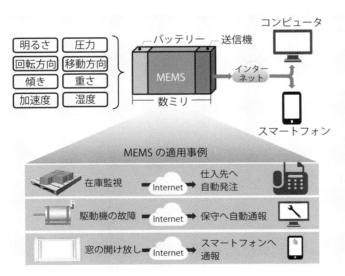

図表3-5　ボッシュのマイクロセンサー概要
出典：Bosch公式HPを参考に筆者が作成

る」とボッシュは結論づけた。

　その結果、ボッシュはビッグデータ企業 MongoDB が開発したビッグデータ解析DBを組み込んだ「Bosch IoT Platform」を開発した。この「Bosch IoT Platform」は、技術視点の中間のクラウド、プラットフォーム、アナリティクス・ソフトウェアの3層をカバーしている。そして、ボッシュは自動車産業以外のさまざまな異業種での実験をへて、「Bosch IoT Suite」ソリューションを開発した（**図表3-6**参照）。

　この成果として、小売業で「買い物リストを送付すると、スーパーの店内マップのどこにあるかを表示するサービス」や、航空機工場における工具管理などの事例が数多く報告されている。

　自動車以外の市場での実験と実績をへて開発したソリューション「Bosch IoT Suite」を、ボッシュは2015年にボッシュの主要顧客である自動車メーカーに対しても、満を持して展開し始めた。

　ボッシュは2016年10月時点では、自動車分野だけでなく、製造業、農業、スマートフォンによる機械の遠隔操作、スマートホーム、スマートシティなどさまざまな試験的な導入・運用実績を公表しており、2017年か

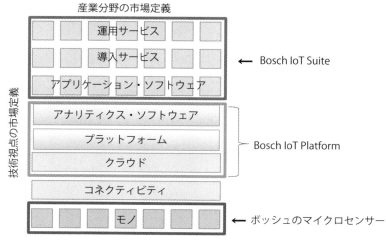

図表3-6　ボッシュのIoTサポート分担

らは一般企業向けのサービス提供を開始する予定である。

ボッシュによるIICでの実証実験

　もう一つボッシュの特徴的なことは、ボッシュはインダストリー4.0のリーダーでありながら、GE主導のIICの最初の実証実験の報告者でもあることだ。この他にもボッシュは、インダストリー4.0関連のパイロットプロジェクトを約100個も試行している。

　IICでの最初の報告は、ボッシュとシスコ、アメリカの計測器・制御器メーカーのナショナルインスツルメンツとで行ったもので、工具にセンサーを取り付け、位置情報と使用状況に関するビッグデータをリアルタイムで取得して分析することにより、稼働率向上と事故防止をするという試みだった（**図表3-7**参照）。この実験でボッシュは、工具ごとに必要なソフトウェア開発も行っている。

図表3-7　ボッシュが報告したTrack and Trace実証実験
出典：Bosch公式HPを参考に筆者が作成

7. 結論　事業のIoT化のコツ

GEの経営手腕

　GEの取り組みをまとめると、既存組織を新規事業に向かわせる、GEの巧みな組織運営と将来を見据えた戦略が伺える。

　構想を提案する際には、ビッグデータの活用を「接続→監視→分析→予測→最適化」の5段階と考え、監視や分析に留まらず、顧客の立場での最適化を目指している。そして、各事業別に何を最適化し、どのような投資対効果を顧客に提示するかを定めている。

　さらに、GEは不得意分野（情報通信事業）を、投資・買収によって補強した。このようにして、顧客に提案する際には一気通貫ですべてのことをサポートできることを目指している。

　営業体制では、まずは受注を獲得して既存組織を新規事業に注力させる方針にしている。運営面では、アセスメントサービスを7営業日で完了することを基本とし、その際には、最適化の内容と投資対効果の分析をGE Digital（旧GE Software）[注1]に実施させ、既存の各事業別に提示するなどのきめ細かい配慮も見せている。そして、これらの実績を内外に示すことにより、既存組織を新規事業に向かわせようとしている。

　ソリューション開発においては、GE Digitalが開発したビッグデータ解析プラットフォーム「Predix」をGE全体で共有することにし、顧客ごとのソリューションは既存の各事業が主体となって開発し、「Predictivity」というブランドで統一している。ソリューション別のシステム開発は、パートナー企業と協業し、開発不足に陥らないようにしている。そのため、Predixの技術情報も公開している。

　これは現在のアップルやグーグルの戦略と同じだ。このことは、GEは

注1）GE Softwareは、GEが買収した別会社と合併して、2015年10月にGE Digitalに社名変更した。（人員の1,200人は、その時点の公表数値である。）

創業してから130年を超す、巨大なコングロマリット企業であるにも関わらず、創業間もないIT企業と同じような経営ができるということを示唆している。

GEのジェフリー・イメルトCEOは、将来、前任のジャック・ウェルチCEOよりも、アメリカの名経営者として名高いGMのアルフレッド・スローンにも優るとも劣らない経営者と評価されるのではなかろうか。

私たちは過去の名経営者ではなく、現在の名経営者の動きこそ注視し、そこから学び、後れを取らないようにしなくてはならない。

ボッシュの事業のIoT化のステップ

ボッシュの開発手法とソリューションを整理すると、開発手法は、
- 既存の自動車部品事業の中にあったセンサー技術の拡張として開発を始めた。
- 既存組織が担えないソフトウェア開発は、買収した企業Bosch SIを牽引役とした。この手法はGEと同じだ。
- さらに技術を持つ企業との協業によってIoTプラットフォームを開発した。この手法もGEに似ている。
- 自社の主力事業の自動車事業ではない航空機事業などでの実験を重ねて、慎重かつ着実にソリューション開発を進めた。
- 実績を検証し、最後には主要顧客である自動車メーカーへの展開を開始した。

そのソリューション内容は、
- 新規プラットフォームを提供するだけでなく、顧客業務の自動化や基幹システム連携に踏み込んだ内容になっている。
- 開発したプラットフォーム「Bosch IoT Platform」を自動車メーカーに製品開発用の生産技術として販売し、「自動車メーカーの生産性向上によって投資を回収するビジネスモデル」にしている。

なお、Bosch IoT Suiteの一般企業へのサービス展開は2017年からであるため、現時点での販売実績額は公表されていない。

以上のボッシュの取り組みをまとめると、次のことが特徴として浮かび上がってくる。まずボッシュの実験を重ねてソリューションを開発してから販売に繋げた手法は、小さく産んで大きく育てる堅実な新規事業展開のひとつの見本と言える。また、ソフトウェア会社を新設して牽引役として既存組織を新規事業に向かわせている。これらはGEと共通している。
　ボッシュの事業は、自動車部品事業が中心である。ボッシュは、その技術の中核であるセンサー技術を応用して、多角化してきた企業だ。そのボッシュがIoT時代の今日、PC時代にインテルのマイクロプロセッサーが世界を制覇していたのと同じポジションを、マイクロセンサーで実現する戦略をとっている。

第4章 垂直統合戦略のマーケットと日本における市場形成

1. どんな市場があり、どんなサービスが展開されるのか

　IoTはあらゆる産業に影響を及ぼす。そこでIoT市場を考察する前に、遠回りのようでも、一般的な産業の構造をここで俯瞰しておきたい。さまざまな商品は**図表4-1**に示すような企業間連携モデルを経て作られている。そして、最終的にはサービスとして人々に供せられている。

　一番上流の資源産業は、鉱物資源、天然・自然産品、エネルギーなどの原料を算出する。次にその原料を仕入れて、その特性を変化させて産業用の材料を供給する素材産業がある。素材産業から材料を仕入れて電子部品・輸送機器部品・航空機部品・電気機械部品などの部品を供給する部品産業がその次に位置する。

　これらの部品を仕入れて電子機器ユニット・航空機器ユニット・自動車部品・船舶部品などの機構品を供給する組立産業がその次に位置する。

　その次に、機構品や部品を仕入れて自動車・航空機・船舶・電子電気製品などを供給するセット産業がある。

　そして人々にその製品を供給する流通業や車両の運行をサービスする公共機関などのサービス業が最下流に位置する。

　この企業間連携の中の素材産業と部品産業の連携モデルの一部を拡大し

図表4-1　原料からサービスまでの企業間連携モデル

たものを、**図表4-2**に示す。図表4-1や図表4-2に示した各産業の世界中の企業が、これからのIoT時代に、自社事業の成長や生き残りをかけて戦略を練っている。

GEの航空機エンジン

たとえば、GEの航空機エンジンは、図表4-2の航空機器部品産業に位置する。GEはここからセンサーを内蔵した航空機エンジンをキーデバイスとして、航空会社に対してのサービスや、空港全体のサービスの最適化を図ろうとしている。これがGEのインダストリアル・インターネットが狙っている垂直統合のサービスの姿である。

GEは飛行中の航空機のエンジンの状況をリアルタイムでモニタリングし、障害状況等を解析している。この効果は航空会社にとって絶大だ。

航空会社は安全に飛行することが第一だから整備点検には時間をかけている。中でもエンジンは何よりも整備点検に時間がかかる。

飛行中エンジンの状況をモニタリングできるようになったことで、トラブルの発生箇所や、メンテナンスを必要とする箇所を、飛行機が目的地に

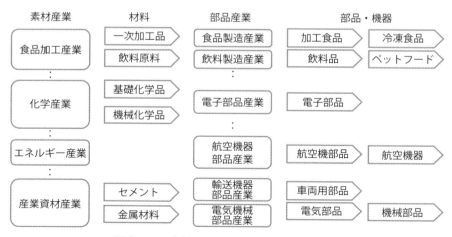

図表4-2　素材産業と部品産業の連携モデル
出典：光國光士郎（著）「在庫と事業経営」（2016/6）を著者が一部編集した

着陸する前に知ることができる。

　この結果、飛行機の着陸前に交換が必要な部品を予め準備ができて、次の出発時刻までに整備が完了できるようになった。何らかの理由で航空機の発着が遅延した場合、旅行客に迷惑をかけるだけではない。遅延は航空会社にとって、コスト増大に直結する。

　得られるメリットはこれだけでない。航空会社の費用の大きな部分を占める航空機の燃料代の改善が可能となる。これまでパイロットの経験と技術まかせだった燃料の効率的な利用が、ビッグデータの解析により、どのようなフライトパターンが最適なのかを分析できるようになった。

　GEはこの解析技術を提供することで、エアアジア（Air Asia）の例では、年間1％の燃料利用の効率化に成功している。

ボッシュのマイクロセンサーを組み込んだ治工具

　同様にボッシュは、マイクロセンサーを組み込んだ各種治工具から、自社の直接の顧客だけではなく、最終ユーザーの利便性を意識して、事業をグローバルに展開している。

　たとえば、電気自動車メーカーInnova UEVは、市町村、学校、大学向けに電気自動車を製造しているが、「Bosch IoT Suite」を導入し、自動車の各種部品に取り付けられたセンサーからの情報をクラウド経由で、市町村、大学、保険会社などと共有している。その一方で、製品開発チームに情報をフィードバックして、ビッグデータの解析を経て改良につなげている。

　ボッシュのIoTの対象はボッシュの既存市場である自動車産業に留まっていない。たとえば、小売業で「買い物リストを送付すると、スーパーの店内マップのどこにあるかを表示するサービス」や、前述のIIC実証実験報告の航空機工場における工具管理など、自動車以外の市場で実験を重ねている。

　なお、ボッシュはホームページ上でIoTの一般的な概念解説の報告書、ボッシュと調査会社が共同で行ったIoT市場調査報告書などを公開してい

る。このようにIoTの市場形成のために啓蒙的な報告書を一般公開している点が、ボッシュの視野が自社の既存顧客（自動車産業）だけでなく、さまざまな市場に広がっていることを示している。

　また、IoT関連の報告書の公開量からして他社と比べて群を抜いており、インダストリー4.0のリーダーとしての風格を示している。

垂直統合戦略企業の市場

　このGEやボッシュの例のように、図表4-1や図表4-2に示したすべての企業が、自社のモノ（部品・製品）にセンサーを取り付け、これまでできなかったサービスを、最終的な顧客の立場・意向に沿って提供しようと競い始めている。

　本書で分析対象とした垂直統合戦略をとっている各社の進出分野を産業別にマッピングして市場を定義し、産業分野（横軸）×技術階層（縦軸）のマトリクスを更新すると**図表4-3**のようになる。

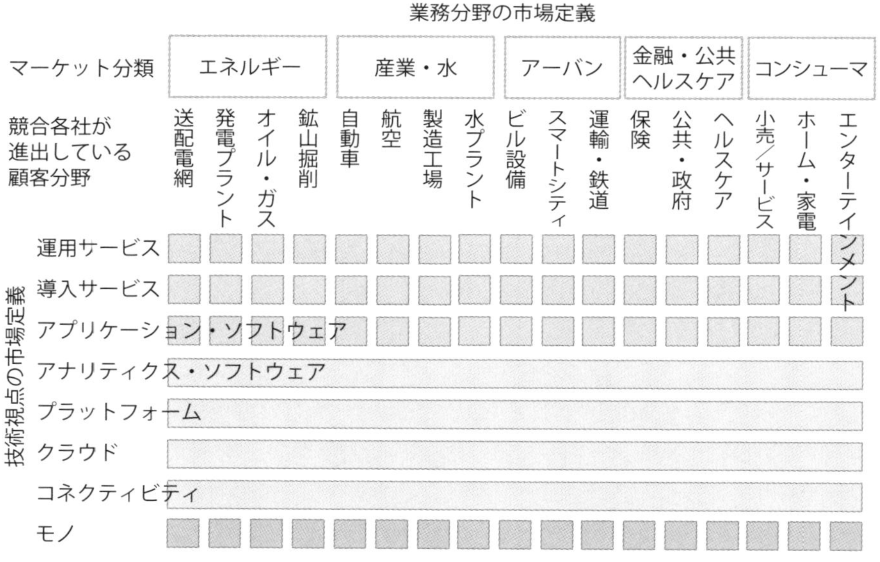

図表4-3　垂直統合戦略会社のマーケット

この図こそが、IoT市場の全体像を示す地図であり、IoT市場に参入しようとしている各企業が競う戦場である。IoT市場に参入しようとするすべての企業が、この地図のどこにポジショニングするのか戦略を明確にする必要がある。

　特に垂直統合企業であれば、3つの技術階層をどのように揃えるのか、自社開発なのか、他社と事業提携なのか、M&Aをするのか、など社運を賭けた戦略を描く必要がある。

　これは明らかに、事業レベルの戦略ではない。企業そのものの戦略である。そこを勘違いして中途半端に市場参入すれば、火傷を負うだけであろう。

　この地図一枚だけでも、経営者にとっては非常に多くの情報が読み取れるはずである。

　本書で取り上げたGE、ボッシュ、シーメンスや東芝、日立、NECは彼らの部品・製品にセンサーを装着して、垂直統合サービスを始めている。この影響は甚大で、今後、製造業はこぞって自らのモノ（部品・製品）にセンサーを装着して、顧客に垂直統合サービスを提供するようになる。そう変身しなくては、生き残れないのだ。

2. ブルーオーシャンとレッドオーシャンが見えつつある

　GEが始めた垂直統合サービスは、航空機エンジンをキーデバイスとしての航空会社に対してのサービスや、空港全体のサービスだけではない。同様のアプローチによるモノから発生する情報を活用したメリットは、発電施設や化学コンビナートなど大規模に機械を駆使している設備産業では有効なアプローチである。

　だから、プラットフォームを確立しつつある企業は、すでに自社の得意な顧客分野への進出を開始している。GEに続く垂直統合戦略をとっている企業は、自社のキーデバイスを携えて次々と有望な顧客分野に参入している。

　2015年12月末時点で、各社のホームページなどで公開されている情報から、垂直統合サービスを始めた各社のマーケット進出状況をまとめたものを**図表4-4**に示す。この図から、独占市場、激戦区、空白地の分類が、すでに見え始めている。サービス開始済みの顧客分野の数からいって、明らかにGEが独走している。自動車、製造工場、水プラント、公共・政府、ヘルスケアは、複数社が狙う激戦区となっている。

　今後、このマップがどのように変化するかで、勝ち組負け組が鮮明になってくる。IoT市場に参入する日本企業の経営者およびその参謀たちは、適宜この地図を更新し、自社のポジショニング、選択と集中を決断する必要がある。これがどれほど重要なことか、多くの言葉を重ねる必要は無いであろう。

　この判断を間違って、既存事業の延長でIoT市場に参入すれば淘汰されるだけである。マーケットニーズから逆算して参入しなくてはならない。

第4章 垂直統合戦略のマーケットと日本における市場形成

マーケット定義	顧客分野＼競合	GE	ボッシュ	シーメンス	東芝	日立	NEC
エネルギー	送配電網	●					
	発電プラント	●					
	オイル・ガス	●					
	鉱山掘削	●					
産業・水	自動車（※1）		●	●		△	
	航空	●					
	製造工場	●	○	●	△	△	△
	水プラント	●					
アーバン	ビル設備				△		
	スマートシティ（※2）						
	運輸・鉄道	●					
金融・公共・ヘルスケア	保険（※3）						
	公共・政府				△		△
	ヘルスケア	●				○	
コンシューマ	小売/サービス		○				
	ホーム・家電					△	
	エンターテインメント					○	

図表 4-4　垂直統合戦略会社の参入状況

凡例　● サービス開始済　○ 開発中　△ ターゲット市場として公表

3. 製造業が垂直統合サービスを実現するためのハードルは何か

　製造業が自らのモノにセンサーを装着すれば、垂直統合サービスが実現すると思ったら間違いである。事業をIoT化するには、センサーからのデータを自動的に収集し、それを各部門で有効活用しなくては期待する効果が出ない。そのためには、会社の組織やシステムに潜在しているもろもろの問題を掘り起こして、一つひとつ潰していくという泥臭い作業が必要になる。これこそが、図表4-3の縦軸にある「導入サービス」である。
　これがどのようなものなのかを、筆者が在籍していた日立システムズでIoT化の相談を受けた機械メーカー（A社）の取り組み事例を通して紹介する。

　A社は機器を製造し、グローバルに販売している年商500億円ほどの会社である。A社のIoT化の目的は、顧客先での製品の故障時間を短縮することにより、顧客の満足度を向上させること、さらに稼働中の製品に組み込んだセンサーから収集したビッグデータで、予防保全を向上して顧客満足度を高めると同時に、予防保全コストの削減を目指した。
　また、A社は急速に海外への機器輸出が増えてきた。日本国内と異なり、海外は拠点が少ないが、国内と同様のサービスを提供できる基盤を確保したい。現在は、機器の故障で保守員やエンジニアを海外に出張させていて負担が大きいので、これを軽減したいというものであった。
　あわせて、顧客は機器の電力消費量（電気代）と生産量を日報としてまとめている。この日報の作成にかなりの工数がかかっているので、日報作成を自動化したいということも含まれていた。
　将来は、機器の稼働管理や障害検知はもとより、機器の制御装置にリモートでアクセスすることで迅速な保守対応を行い、充実した保守サービスを提供して保守サポートの価値を高めたいというものであった。

プロジェクトチームを立ち上げて打ち合わせを開始すると、IoT化以前の問題が多数出てきた。そこでまず、IoT化をするために自社製品の日々の稼働状況をどのように収集するか、というところから検討を開始した。

機器にはいろいろなセンサーがすでに組み込まれていたが、データは納入した機器内に蓄えられているだけで、納入先からそのデータをA社に送信する機能はなかった。

この理由は、これまで国内販売が主力だったため、保守員が顧客先に駆けつけて自社製品を診断することを前提にしていたためである。

検討を進めるうちに、センサーに送信機をつけるだけでは解決しない問題が沢山あった。これらを整理すると、IoT化の実現を阻害する6つの壁があった（**図表4-5**参照）。

A社では、これらの問題一つひとつを会社全体で共有して、全体で解決していくことにした。

① **システム環境の壁**

IoT化の前提には、当然ながら必要なIT基盤が整備されていることが必要だ。顧客先に設置されている機器のデータを収集・蓄積・分析・活用するためには、まずA社の既存の組織が連携して機器の監視やコントロール、さらに顧客への情報提供の仕組みを新たに作る必要があった。

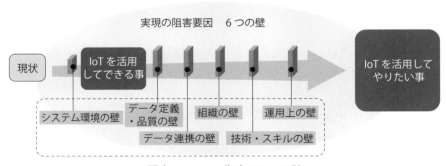

図表4-5　IoT化時の6つの壁
出典：「株式会社日立コンサルティングの提案資料」を参考に筆者が作成

さらに、IoTを活用して全体最適を目指すには、顧客の生産現場のデータと計画系システムとの連携や、設計システムと生産システムとの連携の強化が必要になってくる。

　さまざまな形態のデータを収集・蓄積する必要があるが、センサーが実装されていない。センサーは実装されているが、送信機能がない。センサーからA社に日々送信するデータの選択やその選択基準が定まっていない。

　これらが解決できたとして、センサーから日々送られてくるビッグデータを収集・蓄積し、それを分析するシステムをどうするか。分析結果を設計者にどうやってフィードバックするか。分析結果を設備や機器を自動制御するシステムにどう実装するか、などA社には問題が山積していた。

② データ定義・品質の壁

　収集した稼働データをビッグデータとして分析したいが、各生産拠点（工場）ではそれぞれ個別なコード体系を使用している。また製品の個体・ロットと紐付けて管理されておらず、データのトレーサビリティが確保されていない。

　だから、過去のデータをトレースして原因分析ができず、製品の品質や生産性に問題があった場合などに活用できない。また、各生産拠点ではさまざまなメーカーの機器などを組み込んで製品を製造している。その機器に通信手段が備わっていても、そのプロトコルを変換し、標準化する必要がある。

　したがって、A社全体としてデータを標準化し、生産現場からのデータを正確に意味づけるマスタ情報を整備する必要がある。

③ データ連携の壁

　同一の生産拠点（工場）内でも異なるシステム間連携や、各システムのプロトコル（データ型、通信手段）が標準化されておらず、データ連携ができない。

さらに、拠点を跨いだシステム間連携では、主要マスタである調達の取引先コード、製品・原材料などの品目コード、顧客コードのコード体系（桁数、採番ルール）が異なっていて、データ連携ができないなどの組織間の壁がある。はなはだしい例では、同一拠点内でもこれらのコード体系が異なる場合がある。
　A社として、コード体系を統一し、プロトコルも集約する必要がある。

④　会社・組織の壁
　同一企業内において、組織をまたがってデータを収集しようとすると、以下が曖昧となりデータの共有が困難となる。
　まずデータの公開条件・範囲、アクセス権、管理責任者の問題。次に組織を跨ぐ業務の役割分担や責任範囲の問題。そして各組織の業績評価（KPI）がA社の全体最適と整合していない問題などである。
　したがって、縦割りで活動している企業組織の中で、データを共有し、全体最適に向けて意思決定の権限に制約を加えるために、企業内での新たなルール整備が必要になる。

⑤　技術・スキルの壁
　IoT化の目標の一つは、従来は高スキルの人間に依存している判断業務を、データの分析により代行することである。このために、属人化しているスキルを見える化し、システムに組み込む必要がある。

⑥　運用上の壁
　ビッグデータの分析モデルは一度作成して終わりではない。ビッグデータを活用した分析結果を、現場（設計から製造・品質保証部門や設備の設定）にフィードバックして初めて効果が期待できる。
　したがって、顧客サービスの改善を継続するためには、継続的に分析や改善のための部署を新たに設ける必要がある。

前記の検討は、A社の事業のIoT化にあたり、主に社内の問題にフォーカスしたものだ。次の大きな課題は、顧客先でどのようにしてセンサーからデータを取り出すかである。
　A社では、機器の近くに設置した納入機器専用のPCをサーバにした。納入した機器に組み込まれているセンサーからのデータをCSV形式にしてPCに送信する。このPCは採取される膨大なセンサーデータをフィルターにかけ、機器の品質維持に活用可能なデータのみを抽出し、ネット経由、クラウドにアップする方式を採用した。ただし、機器へのリモートアクセス機能は新製品から組み込むことにした。

　A社では、上述した問題を一つひとつ解決し、IoT化を推進している。現段階の成果は、機器に組み込んでいるセンサーからのデータを自動採取するだけであるが、成果は以下のとおりである。
　顧客から不具合のコールがあった際、IoT化以前は技術者が海外に出張し機器の傍で、どんなトラブルが発生しているのかを機器の状況と蓄えられているセンサーデータとから確認し、それから対策していたために対応期間は長い時で3～4日かかっていた。
　IoT化の後は、障害発生時の機器の状態をリモートで確認することができる。このため、電話やメールで顧客と的確な会話ができ、顧客先に技術者を派遣しなくてもよいケースが約20～30％ほどある。
　それよりも嬉しいことは、機器内のコイルやヒーターに取り付けられたセンサー情報と正常値の情報とを時系列に分析することで、定期メンテナンス時に事前に劣化部品の交換を実施することで、突然の故障発生の確率を減少させる目途が立ってきたことである。

　以上をまとめると、IoT化により下記の成果が得られている。
・顧客のメリットが、ダウンタイムの短縮という形で明確になりつつある。これにより顧客の満足度を高めることができ、長いお付き合いが期待できる。

・従来は機器単位の消費電力が見えていなかったが、これも可視化できるようになった。その結果、新製品にリモートアクセス機能を組み込めば、顧客のエネルギー消費を約10％削減できる見通しを得た。これにより、新製品の競争力を高められると期待できる。
・機器の保守にかかるコストの削減は、まだ少額だが見え始めた。

　以上のように、初めてIoT化に取り組む際には、どの企業も同じような問題に悩み、その解決には長い時間を要する。製造業が垂直統合サービスを実現するためには、A社のような数々の障害を乗り越えなければならない。単なるセンサーの装着や、個別システムの導入とはわけが違うのだ。時間とコストを考えて躊躇していれば、IoT化にいち早く取り組んだ競合相手に市場を奪われることになるだろう。

　製造業が今後IoT導入を実行する際には、上記のようなIoT化の実現を阻害する壁を一つひとつ解決する泥臭い導入作業を一緒になって取り組んでくれる『垂直統合サービスのプロバイダー』を探し出して、手を組まなければならない。
　もし読者が基幹システム導入を経験した方であれば思い出して欲しい。綺麗事を言っておきながら、泥臭い作業は顧客に押し付け、リスクを避けがちなシステムプロバイダーが存在する事実を。彼らは当然、IoTを次の収益源として位置付けてIoT導入の提案書を持ってあなたの前に現れるだろう。
　その時には、本書で紹介したこの事例を思い出し、そして自問していただきたい。「このプロバイダーは、これから次々と発生するであろう泥臭い作業を、逃げずに一緒に取り組んでくれるだろうか？」と。
　個々の製造業がIoT導入にあたって、このようなことで悩まなくても済むようにしなくてはならない。だから、日系企業の中に信頼できる垂直統合サービスのプロバイダーが必要なのだ。

4. 結論　垂直統合されたIoTサービスの日本における市場形成

　改めて強調するが、図表4-3こそがIoT時代の企業が戦う戦場を表している地図である。

　そしてすでにGEやボッシュ、シーメンスなど、アメリカとドイツの垂直統合戦略企業は、この地図の上でどの市場（図表4-3の列）をターゲット市場にするのかを明確にし、社外に公表している。その上で垂直統合を実現するために各技術（図表4-3の行）を自社開発するか、パートナー企業と協業するか、買収して獲得するかなどの戦略を明確にし、実行に移している。

　既存事業のIoT化とは、製造業にとって「製品を製造して顧客に売る」というスタイルから「製品を利用するサービスを顧客に提供する」という事業転換である。そのために前述した泥臭い「導入サービス」を開発する必要がある。そして前述したように、GE、ボッシュ、シーメンスはすでに「導入サービス」の開発・試行・展開を開始している。

　その結果として、海外市場では図表4-4で示したとおりIoT市場のブルーオーシャンとレッドオーシャンが見えつつあるのだ。これが、グローバルにおける垂直統合企業のマーケット争奪戦の現状である。

　かたや、日本はどうだろうか？

　図表4-4でわかるように、ターゲット市場を公表はしているものの、既存事業をIoTによって「製品を利用するサービスを顧客に提供する」という「導入サービス」まで開発・展開に漕ぎ着けている企業はまだまだ少ない。

　ではGE、ボッシュ、シーメンスが日本のIoT市場に参入するのだろうか？　筆者はそうは考えない。なぜなら、IoTの「導入サービス」は前節で示したとおり非常に泥臭い作業であり、日本に顧客基盤と実行組織を持っていない限り、展開は不可能だからだ。

筆者は日本のIoT市場の形成には、3通りのシナリオが存在しうると考えている。先回りして言うと、これは単なる頭の体操として思い浮かんだものではなく、21世紀初頭に日本の製造業が基幹システム導入をする際に実際に辿ったシナリオである。

シナリオ1　自社開発

既存事業のIoT化、つまり「製品の売り切り型のビジネスモデルから、製品を利用するサービスを顧客に提供するビジネスモデルへの転換」を、自社のIT部門および既存事業に自力で実行させるシナリオである。

21世紀初頭の基幹システム導入においても、同様にIT部門と事業部門が自力で基幹システムをスクラッチ開発した事例が多くあった。そしてその多くが失敗し、結果として多大なコストを払って使えないシステムが残る結果となった。筆者は日立製作所および日立システムズの役員時代に、このような結末を辿って困り果てた経営者から多くの相談を受けてきた。

このようなケースのほとんどは、まず情報システムを管掌するCIO（Chief Information Officer）が、自社の事業の全体像、その事業を支えているシステムの全体像を俯瞰できていない。基幹システムは企業の事業と業務の全域に影響しているので、全貌を俯瞰せずに基幹システムの刷新などできるはずもない。既存事業のIoT化も、問題の本質は同様だ。

読者がもし経営者であれば、図表4-3の列に示された8つの技術階層をすべて自社で揃えることが可能か、冷静に考えて頂きたい。この図表4-3の地図が頭に入っておらず、IoT市場の全体像を俯瞰していないからこそ、「自社開発」という無謀な選択をしてしまうのだ。

シナリオ2　「協業」という名の外資系垂直統合戦略企業の下請け化

IoTの「導入サービス」は前述の通り非常に泥臭い作業であり、日本に顧客基盤と実行組織がなければ展開不可能である。

そこで、図表4-3の縦軸の8つの技術階層を統合したIoTプラットフォーム一式を取り揃えた外資系垂直統合企業は、IoTプラットフォーム

を自社開発する能力は無いが垂直統合戦略を志向する日系企業と「協業」し、「導入サービス」と「運用サービス」を協業した日系企業に代行させるシナリオが考えられる。

この場合、外資系垂直統合企業はIoTプラットフォームやアプリケーションなどを提供するに留まり、リスクを回避して顧客基盤を手に入れ、利益を得る。一方の「協業」した日系企業は外資系垂直統合企業に顧客基盤を提供し、リスクを引き受けて導入サービスを代行し、事実上、外資系垂直統合企業の「下請け」と化す。

「まさか！」と思う読者もいることだろう。しかしGEがどのように日本のIoT市場に参入してきているのかを見るとよい。GEは東芝をはじめとしてさまざまな「IoTプラットフォームを自社開発する技術はないのに垂直統合戦略を採用する日本企業」と「協業」を開始している。

GEはIoTプラットフォーム「Predix」とそれを活用したサービス群「Predictivity」を協業する日本企業に提供する。GEは泥臭い導入サービスに伴うリスクを回避して、協業相手の顧客基盤から利益を得ることができる。一方で「協業」した日本企業は自社で開発したわけでもないIoTプラットフォームとそのサービス群を、責任を持って顧客に導入しなければならない。この「協業」はWin-Winだろうか？

シナリオ3　日本発「IoTサービスプロバイダー」の誕生

日本企業の中から、GEのようにIoTプラットフォームとそれを活用したIoTサービス群を日本の製造業に提供し、あの泥臭い「導入サービス」を逃げずに責任を持って実行し、導入後の「運用サービス」も提供する、日本発の垂直統合戦略企業が誕生するシナリオが考えられる。

図表4-3の縦軸の8階層の技術を保有する、または他社と協業する実力があり、図表4-3の横軸の幅広い顧客基盤を持つ企業が、日本発の垂直統合戦略企業に成り得る。

このシナリオが実現するビジネスモデルには、2種類ある。

（1） IT 企業と製造業の協業

　IoT プラットフォームを開発する IT 企業と、日本に顧客基盤を持つ製造業が協業して図表4-3の縦軸の8つの技術階層を統合し、横軸の各市場に展開するビジネスモデルである。

　このビジネスモデルは第3章で紹介したように SAP とシーメンスが採用している。シーメンスは SAP と組んで「Siemens Plant Cloud Services」を開発し、シーメンスが顧客に対して IoT サービスを提供する「IoT サービスプロバイダー」になろうとしている。

　これと同様の協業による「IoT サービスプロバイダー」はまだ日本には存在しないが、今後誕生する可能性は十分にある。

（2） 日系コングロマリットの IoT サービスプロバイダー化

　コングロマリット（複合事業体）が、図表4-3の縦軸の8つの技術階層を自社開発およびパートナー企業と協業し、「IoT プラットフォームと IoT 導入・運用サービスを提供する IoT サービスプロバイダー」に成長するビジネスモデルである。GE がまさにこれに該当する。

　そのようなコングロマリットが日本に存在するとしたら、その筆頭は日立である。まず日立は世界第3位の売上規模のコングロマリットである。そして日立は明確に「2018中期経営計画」で IoT プラットフォーム「Lumada」によって社会イノベーション事業を加速させることを宣言している。

　以上の考察から、日本における IoT 市場の形成は、国内に顧客基盤を持つ垂直統合企業がどのような形で誕生するかによって決まる。

　もし読者が垂直統合戦略を目指す企業の経営者またはその参謀であるならば、図表4-3の地図に手に取って全貌を俯瞰しながら、この3つのシナリオのどの道を選択するのか、決断することが求められている。さもなければ、地図も持たず道も示さず、その結果、IoT 時代に取り残されて迷走する未来が待っている。

　これは一企業の存亡の問題であるだけでなく、将来の日本の製造業の在り方にまで影響する問題である。

第5章 プラットフォームを制する者が産業用IoTを制する

1. IoTプラットフォームとは何か

　ここまで垂直統合戦略でIoTサービスを推進するGEとボッシュの事例を通して、彼らが何よりもIoTプラットフォームの構築に力を入れている様子を見てきた。これらの先進事例から、垂直統合戦略によってIoT市場へ進出する企業にとっては、まず必須となるプラットフォームをどう確立すべきかが、一つ目の勝負どころである。まさに「プラットフォームを制する者がサービスを制す」である。

　一方で、「IoTプラットフォームとは何か？」という問いに対する、業界共通認識というのは未だ確立されていない。GEの「Predix」にせよ、ボッシュの「Bosch IoT Suite」にせよ、その他のさまざまな企業が提供する「IoT Platform」という名称の製品・サービスにせよ、「プラットフォーム」という単語が指し示す範囲はバラバラである。

　この状況は、IoTプラットフォームを必要とする側にとっては大変に困った状況である。たとえば経営者から、「我が社の製品にセンサーを取り付けてビッグデータを取得し、既存事業にIoTを導入してサービス展開せよ」とか言われても、そもそも何を準備してよいのやらわからない。そこで、「IoTプラットフォームとは何か？」との問いに取り組むこととする。

　何かを定義する一般的な方法は、すでに存在する「IoTプラットフォーム」の製品を比較し、その特徴を特定し、「IoTプラットフォームとはこれらの特徴を備えたもの」と定義することだ。

　しかし現時点ではこの方法には困難が伴う。「IoTプラットフォーム」の開発が日進月歩であり、その特徴が定まらないためだ。仮に本書の執筆

時点でリリースされている各社のIoTプラットフォーム製品を比較検討しても、本書が出版される時には大きく状況が変化している可能性がある。ましてや数年後にはまったく意味をなさなくなる。

そこで視点を変えて、IoTプラットフォームのユーザー側の視点に立って「IoTプラットフォームにどんな機能を備えていることを期待するか」を考えてみる。ここで言うユーザーとは、**図表5-1**に示す「モノ（部品・製品）」に強みを持つ一般の製造業などを指す。

つまり、IoTの8つの技術階層のすべてを自前で構築する能力はないが、モノ階層に自社製品を持っている企業である。このような企業がIoTビジネスを立ち上げようとした時に、プラットフォームに期待する機能にはある程度の普遍性があるはずである。

一方GE、ボッシュ、日立などの自らプラットフォームを用意する垂直統合戦略を採用する製造業者は、IoTベンダーとユーザー企業の両方の側面を持っている。

「プラットフォーム」とは一般的に何を指すのか？

クラウドの世界では「PaaS（Platform as a Service）」という単語があ

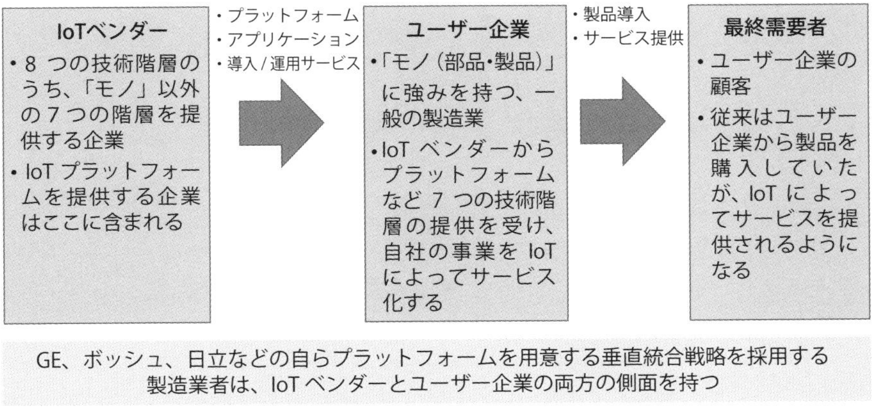

IoTベンダー		ユーザー企業		最終需要者
・8つの技術階層のうち、「モノ」以外の7つの階層を提供する企業 ・IoTプラットフォームを提供する企業はここに含まれる	・プラットフォーム ・アプリケーション ・導入/運用サービス →	・「モノ（部品・製品）」に強みを持つ、一般の製造業 ・IoTベンダーからプラットフォームなど7つの技術階層の提供を受け、自社の事業をIoTによってサービス化する	・製品導入 ・サービス提供 →	・ユーザー企業の顧客 ・従来はユーザー企業から製品を購入していたが、IoTによってサービスを提供されるようになる

GE、ボッシュ、日立などの自らプラットフォームを用意する垂直統合戦略を採用する製造業者は、IoTベンダーとユーザー企業の両方の側面を持つ

図表5-1　IoTベンダーとそのユーザーの関係

る。クラウドによってプラットフォームがサービスとして提供される形態を指す用語である。似たようなクラウド用語にインフラがサービスとして提供される形態を指す「IaaS (Infrastructure as a Service)」や、ソフトウェアがサービスとして提供される形態を指す「SaaS (Software as a Serevice)」がある。この3者の関係を整理すると**図表5-2**のようになる。

図表5-2から読み取れるように、クラウド市場において「プラットフォーム」とは、特定の階層のみを指すのではなく、インフラストラクチャ（＝ネットワーク＋ハードウェア）にOSやミドルウェアを加えた各階層で構成された一式を指している。

SaaSとPaaSとの差異に着目して言えば、プラットフォームとは「アプリケーションをインストールできる状態のシステム構成一式」を指していると考えてよい。

IoTプラットフォームとは

「IoTプラットフォーム」についても同様に、「アプリケーションをイン

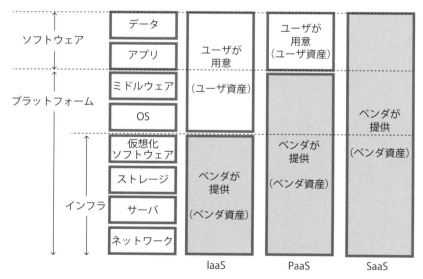

図表5-2　クラウドにおけるPaaSの指す範囲

ストールできる状態のシステム構成一式」として位置付けるのが最も汎用的な定義になる。この位置づけに基づいて、筆者が必要最低限の構成と考えた「IoTプラットフォームの概念図」案を**図表5-3**に示す。以下、この図を解説する形で話を進める。

もしこのようなシステム構成がIoTベンダーによってパッケージ化されて、サービスとして提供されていれば、設備・機器メーカーのユーザーが用意すべきことは次の3つに限定できる。

① 自社製品にセンサーを装着する
② 自社製品のセンサーが発するビッグデータを活用したアプリケーションを用意する
③ 最終消費者に便益を与える新しいサービス提供の体制を準備する

これらはユーザーの本業である。言い換えれば、ユーザーが本業として用意すべきもの以外のシステム一式が、IoTプラットフォームとして用意されているのが望ましい。

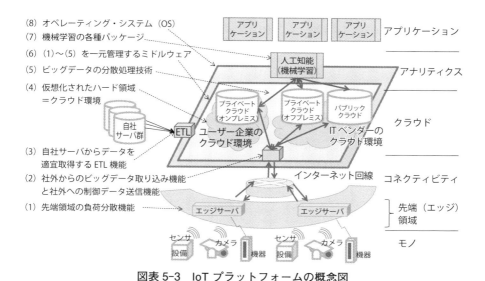

図表5-3　IoTプラットフォームの概念図

このため、「IoTプラットフォーム＝アプリケーションをインストールできる状態のシステム構成一式」は、自社製品に取り付けられたセンサーがリアルタイムに発信するビッグデータをリアルタイムに取り込むこと、そのビッグデータを蓄積・分析すること、それに必要なアプリケーションをインストール・稼動可能であることが求められる。

　これらを実現する「IoTプラットフォーム」に求められる要件は、少なくとも8つある。結論を先回りして言うと、これら8つの要件をすべて満たした製品・サービスは未だ存在しない。だが将来の「IoTプラットフォーム」は、これらの要件を満たす必要があるはずだ。現時点では、今から挙げる8つの要件は、IoTプラットフォームを選ぶ際のチェックポイントと考えて頂きたい。

（1）先端領域の負荷分散機能

　顧客に納入した自社製品の内蔵センサーが発信するビッグデータすべてを、リアルタイムにクラウドに集めて取り込もうとすると、センサーとクラウドの間にある物理的な距離の分だけ必ずタイムラグ（通信遅延）が発生してしまう。そのため、どこかで分散処理が必要になる。

　そこで「クラウドよりもセンサーに近いネットワーク上の領域」に小規模なサーバを配置して分散処理する技術が必要になる。このような先端領域（Edge Tier）での処理を担うのが、後述するコネクティビティ層のシスコ社の「Fog Computing」などである。

　先端領域に配備される分散処理の内容と、クラウドで集中処理する内容は整合が取れている必要があり、「IoTプラットフォーム」としてセットで提供されねばならない。

（2）社外からのビッグデータ取り込み機能と社外への制御データ送信機能

　顧客に納入した自社製品は、当然、自社のネットワーク環境の外にある。IoTプラットフォームは、外部ネットワークからマシンガンのように送信されるビッグデータを、セキュリティチェックをし、通信遅延をする

ことなくリアルタイムに受信し、データ変換し、クラウドへ格納しなければならない。

さらにビッグデータの解析結果に基づき、リアルタイムに製品・設備を制御するデータに加工・変換して社外に送信する機能も求められる。

既存のクラウドサービスやデータウェアハウスにも外部からのデータ取り込み機能は存在するものがあるが、スペックの点で一層の進化が求められる。

(3) 自社サーバからデータを適宜取得するETL機能

センサーからのビッグデータだけが、必要なデータのすべてではない。顧客との契約情報、製品情報が必要になる。このため、随時必要な情報を自社ネットワーク環境内のサーバから取り出す機能が必要になる。一般的にこの機能はETL機能[注1]と呼ばれる。

なお、データ分析システムであるBI（Business Intelligence）ツールにもETL機能が内蔵されているが、リアルタイム性と取得・加工・格納するデータ容量の大きさから考えて、BIツール内蔵のETL機能ではIoTプラットフォームのETL機能としては不十分である。市販されている独立したETL専用製品と同等以上のスペックがIoTプラットフォームには求められる。

(4) 仮想化されたハード領域＝クラウド環境

取り込むビッグデータを次々と格納していけば、時間に比例してデータ容量は増えていく。そのためデータ容量が必要な分だけ拡張できることが重要である。これには、物理的にサーバを増設するのではなく、サーバの記憶領域を仮想的に分割して、必要な分だけ増設する仮想化技術が必須になる。このような仮想化されたハードウェア環境のことを「クラウド」と

注1）ETLとは、Extract（サーバからデータを抽出）、Transform（データを変換・加工）、Load（変換後のデータをIoTプラットフォーム内に格納）の略称である。

呼ぶ。

　クラウドには3種類ある。自社専用に割り当てられた「プライベート・クラウド」、さまざまな企業と記憶領域を分割して共有する「パブリック・クラウド」、特定の業界に所属する異なる企業・組織間で共同利用する「コミュニティ・クラウド」である。さらにプライベート・クラウドはオンプレミス（自社で保有する仮想化されたサーバ）、オフプレミス（クラウドベンダーが提供する仮想化されたサーバ）に分かれる。

　IoTに必要なデータは、リアルタイムに受信するビッグデータ、蓄積された過去データ、契約情報・製品情報などの社内データ、さらには公共機関が公開しているデータなどさまざまである。それを考慮すると、IoTプラットフォームのハードウェア環境には、ダウンしない堅牢性、処理のリアルタイム性、データ領域の拡張性など、顧客システムの求める要件の違いによって、データ格納先となるクラウドの種類を使い分けできねばならない。

　データの種類に応じてプライベートやパブリックなど複数の異なるクラウドに分散格納でき、さらにそれらを一元的に利用できるように統合できねばならない。そのようなクラウドを「フェデレート・クラウド」という。これからの「IoTプラットフォーム」としてのクラウドはフェデレート・クラウドであることが必須要件となるだろう。

(5) ビッグデータの分散処理技術

　ビッグデータを高速処理する方法は2つある。一つは高性能なスーパーコンピュータを利用すること。もう一つは汎用的なサーバーを複数分散して処理することで高速化する技術を利用することである。事業用でビッグデータ解析をする場合は、採算性、拡張性などあらゆる点を考慮しても後者に限られる。

　この場合の分散処理技術とは、処理対象データを分割し、それらを複数のサーバーに分散して処理させる技術である。分散処理技術の代表的なオープンソースとしてHadoopがある。

このような分散処理技術のエンジニアを一般的な企業が雇用することは困難である。したがって、「IoTプラットフォーム」としてこれらの技術が前述のフェデレート・クラウドとセットでサービスとして提供される必要がある。

(6) 前記（1）～（5）を一元管理するミドルウェア

ここまで読み進めて（1）～（5）の各々の要素を確立するだけでも大変なことだと想像できるだろう。しかし「IoTプラットフォーム」というシステム構成を一式として提供するためには、これらを一元的に制御するミドルウェアソフトが必要になる。

すでに「IoTプラットフォーム」を呼称するサービスの中には、ミドルウェアソフトが含まれているものがあるが、筆者の理解では「既存のミドルウェアの流用」の範疇を超えたものは未だ存在しない。

(7) 機械学習の各種パッケージ

ビッグデータ解析に必須な機能は何といっても人工知能（AI）である。次々と送り込まれるビッグデータを人間がリアルタイムに分析することなど不可能なのだから、全自動で解析・制御する人工知能は欠かせない。

人工知能の歴史は半世紀に及び、その定義は時代によって変わってきた。今も人工知能の厳密な定義はないと言われる。しかしビッグデータ解析の現場で「人工知能」と言えば、ほぼ「機械学習」[注2]を指す。

機械学習にもさまざまな応用手法があり、ビジネスで多用されるのはアンサンブル学習、サポートベクターマシン、決定木、異常検知、ニューラルネットワークなどである。とにかく一言で「人工知能」といっても、そのアルゴリズムは多種多様である。

当然、これらのアルゴリズムの開発と活用には高度な数学教育を受けた

注2）機械学習とは数学（特に統計学）を駆使した分析手法の一種であり、分析対象データが増えれば増えるほど正確さが増すという特性がある。この特性はスケーラビリティといわれ、ビッグデータ解析に適している。

データサイエンティストが必要である。このようなデータサイエンティストを一般的な企業が雇用することは困難である。したがって、これらのアルゴリズムがパッケージとして「IoTプラットフォーム」にはプリセットされている必要がある。

(8) オペレーティング・システム（OS）

　ビッグデータ解析に必要なアプリケーションは、業種・用途・データ内容などによって多種多様になる。実際、GEは業種・用途などに応じて120個ものIoTアプリケーションを「Predictivity」と総称して提供している。

　アプリケーションを稼動させるにはオペレーティング・システム（OS）が必要になる。IoTプラットフォームを構成するOSには、前述（1）～（5）で処理・格納されたデータを、（6）の機械学習の各種アルゴリズムを呼び出して利用する。さらに、ビッグデータの解析から製品・設備を監視・制御するまでの一連の流れを制御できることが求められる。

　このようなIoTプラットフォームのOSが、既存のOSの流用になるのか、IoT専用のOSが必要になるのか、現時点では筆者にはわからない。

　なお、GEが提供するIoTプラットフォーム「Predix」は、開発中の一時期、「オペレーティング・システム」（OS）と説明されていた。しかし実際に開発された「Predix」はOSの範疇とは異なるものであったため、サービス提供時には「OS」とは説明されなくなった。

　以上、「IoTプラットフォームとはアプリケーションをインストールできる状態のシステム構成一式」と定義し、その定義を実現する上で必要な「IoTプラットフォームの要件」を、ビッグデータの流れを追って必要な要件を洗い出すという演繹的なアプローチで、筆者なりに8つ挙げた。

　この「IoTプラットフォームの8要件」は筆者の私案に過ぎない。しかし第3章の図表3-3のGEのIoTプラットフォーム「Predix」の図と、本章図表5-3の筆者が考える「IoTプラットフォームの概念図」とを比較して

みて欲しい。IoTプラットフォーム開発の先駆者であるGEの「Predix」がこれら8要件のほとんどを満たそうとしていることが推測できる。よって、本章で挙げた「IoTプラットフォームの8要件」は、IoTプラットフォームを選択する際の基準として十分有効であると思われる。

そして繰り返しになるが、未だこれらすべての要件を十分に満たしたIoTプラットフォームは存在しないと筆者は考えている。この8要件を十分に満たした「アプリケーションをインストールできる状態のシステム構成一式」としての「IoTプラットフォーム」の開発競争はこれからいよいよ過熱していくだろう。

この「IoTプラットフォーム8要件」が、日本の製造業各社が今後IoTプラットフォームを選ぶ際の助けとなるだけでなく、IoTプラットフォームのプロバイダーを目指す日本企業にとっても一つの指標となることを筆者は期待している。

2. 各社のプラットフォームの開発・導入状況

プラットフォーム確立競争の勝敗

「垂直統合には、ビッグデータをリアルタイム処理できるIoTプラットフォームが必須」というのが競合各社の共通認識である。そこで垂直統合戦略を採用する企業はまずIoTプラットフォームの開発を行っている。

このIoTプラットフォーム確立競争の勝敗のポイントには3つある。

(1) スピード

前述のとおり、アメリカでIICを主導するGEはIoTプラットフォーム「Predix」を確立し、ソリューション群「Predictivity」を展開している。ドイツでインダストリー4.0を主導するボッシュは「Bosch IoT Suite」の開発を終え、2017年には本格的に外販を開始する予定だ。シーメンスもSAPと組んで「Siemens Plant Cloud Services」を開発し、顧客要望を反映させた個別仕様製品を同じ生産ラインで作り分ける「個別大量生産」(Individualised mass production) を実現する自動生産ラインを開発した。もはや海外勢はプラットフォームの確立をほぼ終えたと見てよい。

一方、日本ではIoTプラットフォームの確立は遅れている。まず東芝は2015年、自社開発をせずにGEと提携し、Predixを導入することを決め、2016年に試行を開始した。スピードを優先したとはいえ、「プラットフォームを制する者がIoTサービスを制す」の原理からいうと、東芝はGEにIoT事業の制空権を渡したともいえる。

他方、日立は2106年4月、IoTプラットフォーム「Lumada」の開発・構築して「2016年〜2018年に3年間累計で約1000億円を投資する」と発表した。日本企業の中では最も大規模な投資が行われているIoTプラットフォームである。

日立の他にも投資規模は小さいがIoTプラットフォームの開発競争に参入している企業は少なくない。しかし事業規模から考えて、日本のIoTプ

ラットフォーム競争のスピード感は日立のIoTプラットフォーム「Lumada」がペースメーカーになるだろう。日立は「2018中期経営計画」においてLumadaを武器に2018年を目指して「IoT時代のイノベーションパートナー」になることを宣言している。

本書が出版されてから数年で、日本におけるIoTプラットフォーム市場は形成されていくことになるだろう。

(2) 8要素の網羅性

IoTプラットフォームの8つの要件を挙げたが、筆者の理解では、それらすべてを満たしたIoTプラットフォームは未だ存在しない。そもそも8つの要素それぞれが、今も研究開発中だから当然ではある。しかし、「自社が提供するIoTプラットフォームにこれら8要素をすべて満たそうとしているか否か」という点では、各企業で温度差がある。

GEは当初の構想から、この8要素のほとんどを網羅するように志向しており、公開資料から推測できる限り、8要素全域を網羅しようとしている。

一方、本章で挙げなかったさまざまな企業が提供している自称「IoTプラットフォーム」製品の多くは、8つの要素のいくつかの寄せ集めに過ぎない。この両者の違いは大きい。部品を寄せ集めても完成された製品にはならないのと同様、8要素のいくつかを寄せ集めたところで「IoTプラットフォーム＝アプリケーションをインストールできる状態のシステム構成一式」にはならない。

今後、日本の製造業者がIoTプラットフォームを選択する際には、「IoTプラットフォームは本書の8要素のどこまでを網羅しているだろうか？」が、重要な判断基準になるだろうと筆者は考える。

(3) 対応するアプリケーションの豊富さ

IoTプラットフォームに対応するアプリケーションの豊富さも、勝敗を決める重要なポイントである。業種・業態が異なればアプリケーションは

異なるため、顧客にとって必要なアプリケーションを提供していないプラットフォームが選ばれることはあり得ない。

　通常ソリューションの提供形態には、アプリケーションは開発せずにノウハウを整理して体系化するに留めた「ライブラリ形式」から、アプリケーションを構築した上でサービス提供体制とセットにした「パッケージ形式」までさまざまだ。

　前述したとおり、GEは自社のほぼ全事業を巻き込み、開発パートナーと協業し、120個にも達するアプリケーションを開発して「Predictivity」と総称するサービスを提供していて、本格的なパッケージ形式である。

　ボッシュの「Bosch IoT Suite」も、ボッシュの本業である自動車部品とは関係ない多様な試行を100回も実行しており、将来的に多様な業種にサービス提供する意思を見せている。未だ外販はされていないため、目指しているのがライブラリ形式なのかパッケージ形式なのかはわからず、注視が必要である。

　一方、日立も日立が抱える多様な事業の組織（ビジネスユニット：BU））が、日立のプラットフォーム「Lumada」上にソリューションを提供する計画を打ち出している。しかし、開発初年度である2016年現在ではライブラリ形式に留まっている。

　GEに日本の製造業のIoTプラットフォームの制空権を渡してしまうことを防ぐためには、アプリケーションを開発してサービス体制とセットでパッケージ化することは不可避なはずだ。日立は「2018中期経営計画」によると「お客さまの近くで研究開発を推進」として、世界各地域にIoTサービスの研究開発体制を敷設し始めており、今後のIoT市場のキープレイヤーとして動向が注目される。

　どの企業も一社では、社会インフラとITシステムを自前ですべてを揃えることはできず、合従連衡が盛んな状況である。そんな中、世界中で日立だけが自社内に8つのすべての技術階層の事業を展開している企業である。今後のIoT時代に、日立の活躍が期待されるところである。

プラットフォームのユーザー側

　ここまでは IoT プラットフォームを提供する側の話を記した。一方で、提供される側、ユーザー側の視点から見るとどうなのか。世界の先頭を走ることを期待されている日本の製造業が意識して取り組まねばならないのは、次のことである。

① 　市場はすべてがグローバルになる。したがって、世界に通用する何らかのプラットフォームをいち早く構築する。

② 　自社でのプラットフォームの構築が難しいならば、すでに活用を始めているプラットフォームを採用し、自社製品の IoT サービスを短期間で実現するために、自社のハードウェアやソフトウェアをモジュール化して、それをディファクトスタンダードの地位に持ち上げる。

③ 　日本の製造業のすべてが世界に通用するプラットフォームを構築することや、何らかのディファクトスタンダードを構築することはかなわない。だが、少なくとも自社が展開する IoT サービスを実現するうえで、必ず必要になる【コア技術】を自社で持つ。別の言い方をすると、自社製品を活用していただくすべての企業が共通に使う協調領域と、自社製品と競合する競争領域に分けて、協調領域はオープンソースの思想で取り組み、競争領域では絶対に覇権を握る。そのためにはコア技術をブラックボックスとするという経営戦略で取り組む。

3. 日本独自のプラットフォームの必要性

垂直統合戦略の主導3社の特徴

　IoTの垂直統合戦略を主導しているGE、ボッシュ、シーメンスの3社の取り組みは、**図表5-4**に示すとおり、概ね二つのパターンに分類できる。

　一つはGEとボッシュの取り組みで、社会インフラのソフトウェア制御を目指し、新たに設立したソフトウエア子会社を牽引役として既存事業全体を新規事業に仕向け、最終顧客にもメリットを提供しようとしている。たとえば、「Bosch IoT Suite」の販売対象は自動車会社に限定しておらず、実証実験においても航空機工場、スーパーマーケットなど、100種類もの異業種実験を実施している。このため、ボッシュも自動車に限らず、社会インフラ全体を視野に入れていると考えられる。

　GEとボッシュには、既存の事業範囲を超えた構想と、それを実現する巧みな組織運営が見て取れる。これまで巨大な部品会社と思われていたボッシュは、IoTのプラットフォームを抑えて、PC時代のインテルのようになろうとしているし、それを梃にインフラ事業にも進出しようとして

企業	目指す機能	IoTの対象	ビッグデータの活用	推進体制	受益者
GE	インダストリアル・インターネット・コンソーシアムの掲げるソフトウェア制御された社会インフラ	社会インフラ全般	解析・予測・最適化	ソフトウェア会社＋既存事業全体	最終顧客＋インフラ企業（社会全体の利便性向上）
ボッシュ		自動車　他	監視・分析		
シーメンス	インダストリー4.0の工場内の生産技術革命	個別大量生産	生産自動化	一部事業	メーカーの工場生産性向上

図表 5-4　垂直統合戦略の主導3社の特徴

いるようだ。

　それに対してシーメンスの取り組みは、GEやボッシュとは大きく異なる。

　まず、多角的な産業にIoTを展開しているGEやボッシュとは好対照に、シーメンスはIoTの導入対象を製造業の工場に特定している。IoTを「生産技術の革命」ととらえているインダストリー4.0の構想の範囲内で、シーメンスは事業展開をしていると言える。その点で、インダストリー4.0の運営委員会の委員長であるボッシュよりも、シーメンスの方がインダストリー4.0の思想に忠実である。

　さらにシーメンスは、顧客要望を反映させた個別仕様製品を同じ生産ラインで作り分ける「個別大量生産」（Individualised mass production）を実現する自動生産ラインを開発した。この「個別大量生産」は、生産ライン上を流れてくる製品に添付されているチップ内の情報を瞬時に読み取り、流れてくる製品に一つひとつ異なる部品を取り付ける。さらに一つの生産ラインで100種類以上の異なる製品を同時に作り分けることも可能だ。もはや「個別設計受注生産」と「汎用仕様大量生産」という既存の製造業の概念を根底から覆そうとしている。

　このような個別大量生産を本格的に実現するためには、「個別大量生産対応の自動生産ライン設備」だけでなく、チップに情報を埋め込むために、サプライチェーン上のすべての業者の間での「設計・生産データのクラウド共有」も必要になる。そこでシーメンスは基幹システムパッケージの世界市場No.1であるSAP（エス・エー・ピー）と協業し、「Siemens Plant Cloud Services」を開発した。2016年時点では試験的にパイロット企業に展開中である。

　この取り組みはまさに「ドイツの国中の製造業をデジタル上で統合して、ひとつの仮想工場にする」というインダストリー4.0の構想の模範である。日本で「インダストリー4.0と言えばボッシュよりもシーメンス」というイメージが強いのは、この辺に理由があると言えよう。

垂直統合戦略会社における、8つの技術階層の構成を比較すると、GE、ボッシュ、シーメンスの3社は、すでに全階層の構成を完了している。そしてGE、シーメンスの2社はすでに垂直統合サービスの提供を開始している。それに対して、日系3社はいずれも垂直統合のすべての技術階層をまだ揃えていない。

日本独自のプラットフォームが必要な理由
　iPhoneの部品の半分は日本製であるが、台湾・中国の工場で組み立てられ、利益はアメリカのアップル社が持っていく。気付けば日本企業は技術に見合った利益を手にすることができない「外資の下請け」になっていた。iPhoneのこの状況は日本の製造業の縮図である。そして将来のIoT市場にも同じことが予測可能だ。
　想像してみよう。コネクティビティ層のネットワークは日本企業A社製、クラウドは日本企業B社のサービス、アナリティクス層の機械学習ソフトウェアは日本企業C社の製品。しかし、それらを含む8要素で構成されるIoTプラットフォームはGEの「Predix」だ。すると、利用するプラットフォームがPredixなのだから、日本の製造業が自社事業をIoTサービス化しようとすると、GEとそのパートナー企業が提供するアプリケーションを活用することとなり、事業内容もGEの制約を受けることになる、という姿になってしまう。
　そのような世界になれば、日本の製造業にIoTプラットフォームを提供するのはGEであり、日本のIoT市場や製造業は下請けで、利益を手にするのはGEになる。
　こうして、外資のプラットフォームに日本市場を占有され、製造業全体が外資の下請け化する。これこそが最も恐れなければならない事態である。だからこそ、日本独自のプラットフォームが必要なのだ。

第3部

水平横断戦略

水平横断戦略の市場

　水平横断戦略の市場は4層からなるが、プラットフォームについてはすでに第2部で詳述したので、ここでは、コネクティビティ、クラウド、アナリティクスの3層を取り上げる。この3層の特徴は、産業分野の視点ではなく、グローバルな技術視点で市場を一挙に抑えなければならない点にある。

　水平横断戦略を採っている企業は、それぞれの階層を制するために鮮烈な競争をしている。3階層のどこに重点を置くかは企業によって異なるし、複数の階層にまたがって事業を展開している企業もいる。

　この3階層に取り組んでいる主要企業の位置づけを明確にするために、図表2-1の8階層を便宜的に簡略化してマッピングしたものを**図表B**に示す。

　一番下の巨大なコネクティビティ市場は、シスコ、インテル、HP（ヒューレット・パッカード）が競っている。

　その上のクラウド市場は、アマゾン、マイクロソフト、グーグル、IBM、SAP（エス・エー・ピー）、オラクル、富士通などの多数の企業がしのぎを削っている。

　さらにその上のアナリティクス市場では、グーグル、アマゾン、マイクロソフト、IBM、日立が人工知能で激しく競っている。この人工知能は今

```
       産業分野の市場定義
   ┌─────────────────────┐
   │ 運用・導入サービス │ │ │
   │ プラットフォーム       │
技 └─────────────────────┘
術  ┌─────────────────────┐          グーグル   アップル    日立
視  │ アナリティクス      │  IBM     アマゾン   マイクロソフト
点  │ クラウド            │  SAP     オラクル   富士通
の  │        水平横断戦略 │
市  │ コネクティビティ    │  シスコ  インテル   HP
場  └─────────────────────┘
定  ┌──┬──┬──┬──┬──┐
義  │  │  │モノ│  │  │
    └──┴──┴──┴──┴──┘
```

図表B　水平横断戦略企業の取り組み状況

後IoTのキーテクノロジーのひとつである。

　図表Bを見ると、技術開発競争以前のポジショニング戦略によって、すでに明暗が分かれ始めている。

爆発的に増大するデータ量

　モノが生成するデータは、量と質の両面に変化が発生している。量の変化は、つながるモノの数の増大によるものと、それらのモノが生成するデータの頻度と種類の増大による。この二つが相まって、データ量が爆発的に増えると予想されている。

　そして質の変化は、構造化データの多様性（明るさ・場所・傾き・加速度・気圧・移動方向・重力・湿度など）の増加と、映像・画像・音声・地図などの非構造化データの増加が加わることによりもたらされる（**図表C**参照）。

　このような背景からコネクティビティ、クラウド、アナリティクスの3層は、ビッグデータの質・量の変化に対応するための課題を突き付けられている。その課題は、

図表C　水平横断階層に求める量と質の変化
出典：「TECHNOLOGY RADAR」（Cisco、2014年12月）を参考に筆者が作成

一つは、「ネットワーク上でのビッグデータの交通渋滞を防げるか？」、二つは、「ビッグデータをクラウド上でリアルタイム処理できるか？」、三つは、「構造化データ＋非構造化データを自動処理できるか？」である。

水平横断戦略を採用している各企業は、「これらの課題に対応できるか否か？」によって、競争優位が決まってくる。いずれの階層においても競争原理は、「**質・量ともに飛躍的に変化・増加するビッグデータを、リアルタイムに処理できる革新的技術か否か**」という点にある。

したがって、従来の分析ソフト、クラウド、ネットワーク事業の延長線上では、今後のIoT時代には決して対応できない。この点を踏まえて、以下に3つの階層ごとに、それを推進している現時点での代表的な企業の戦略を俯瞰する。

第6章　コネクティビティはどうなるか

1. コネクティビティに求められていること

　今後、膨大な数のモノから、またさまざまなセンサーから、明るさ・場所・傾き・加速度・気圧・移動・重力・湿度などの構造化データや映像・画像・音声・地図などの非構造化データが、固定回線・衛星通信・無線などのネットワーク環境を通して、クラウドへ収集されるようになる。

　さらにモノだけでなく人が発信する情報も、インスタント・メッセンジャー（IM）、ブログ（Blog）、ツイッター（Twitter）、SNS（ソーシャル・ネットワーキング・サービス）などにより爆発的に増加している。このデータをどのようにスムーズに流すかが今後の大きな技術課題となってくる。

　データ量の増大は急激であり、このビッグデータを各種センサーからクラウドへ収集するネットワーク環境をコネクティビティと呼んでいる。

　シスコは、2020年には500億個ものモノがインターネットにつながるようになると予測している。このような膨大な数のデバイスからのデータを、リアルタイムでクラウドに集める必要がある。その際に自然の水の流れや呼吸器の中の空気の流れのように、デバイスからのデータの流れを、よりスムーズに制御する何かが必要になる。これがコネクティビティに求められていることである。

　モノやヒトから発せられたビッグデータを、クラウドへ収集するコネクティビティは、ビッグデータの増大に耐え、データをよりスムーズに流れるように、維持し続けなくてはならない。このコネクティビティ市場をターゲットとしている代表的な企業であるシスコやインテルが、どのように取り組んでいるのかを以下に俯瞰する。

2. 事例1 シスコ（Cisco）の広域コネクティビティ戦略

シスコのスマート信号

　データの流れは見えないので、具体的イメージからアプローチするのが良い。それで、シスコのコネクティビティ戦略をスマート信号システムの例で見てみよう。

　シスコが提案しているスマート信号システムは、信号付近の歩行者や自転車を察知すると同時に、遠くから近づいてくる自動車の距離や速度から信号機にまで自動車が到達する時間を瞬時に計算する。そして周辺の歩行者、自転車、自動車にとって何色の信号を何秒間表示すると、交通がスムーズに流れるようになるかを計算し、信号の色の表示を制御する。

　現在使われている信号システムは、信号の色を変える時間を予め決めているために、歩行者がいなくとも赤信号で自動車を止める。だが、このスマート信号を用いると、これまでのようなことはなくなるので、交通がよりスムーズに流れることになる。

　あるいは交通事故が起きた場合など、救急車はなるべく早く現場に到着したいものの、渋滞に巻き込まれて進めないことがある。そんな時に、スマート信号機のカメラが救急車であることを（たとえばライトなどで）識別して、信号を変えて救急車がスムーズに走れるように誘導するなどの応用も可能になる。

　また少し範囲を広げて周辺の信号機とも連携することにより、たとえばある時刻のメインの通りの信号機の青色の表示時間を長くすることで自動車の流れる速度を高めたり、反対に制限速度を超えて走る自動車の速度を落とすために、信号機の赤色の表示時間を長くすることで、スピードを抑制することも可能になる。このように信号システムのほうで、自動車の動きをコントロールできるようになる。

　このスマート信号システムのようにリアルタイム制御をしなくてはならないケースなどは、すべての情報をクラウドに集めた後にアプリケーショ

ンがそのデータを処理して信号機システムなどに出力するのでは、技術的制約とアプリケーションからの要請の両面から、現実的ではないとシスコは考えている。

シスコの「Fog Computing」（フォグ コンピューティング）

　スマート信号のようにリアルタイムで利用される車両の制御や工場内の機械類の制御のアプリケーションには、レスポンス時間にシビアなものが多い。そのために、センサーを搭載しているモノに近いところで、リアルタイムでの高速処理を必要とする。

　これらを適切に制御するために、すべてのデータをクラウドにいったん集めて処理をし、それからアクションを起こすという方式は、技術的に難しいし、コスト高にもなる。また、それでは時間的に間に合わないケースも出てくるので、分散処理する方が賢明である。

　動物は昔からそのような仕組みのもとで進化してきたし、情報の伝達が命の企業も軍隊も分散処理を採用している。

　また、分散処理が必要な理由はコスト面だけではない。センサーが生成するデータの中には、個々のデータのレベルでは意味をなさないものが少なくない。たとえば気象センサーが生成するデータは、利用者の位置情報と組み合わせることで、あと何分後に雨が降り出すなどの新たな意味を生み出すことができる。

　さらに、この位置情報を発信しているモノは移動しているのが一般的である。このため、移動体のすぐそばでリアルタイム処理する必要があるアプリケーションも多くなる。

　また、接続されているモノの数が莫大になると、個々のモノに対する回線を確保するのはコストがかかる。

　そこでシスコは、ヒトやモノ側（fog）で行うべき処理とサーバー側（cloud）で行うべき処理を適切に組み合わせたシステムにし、この（fog）と（cloud）が分散協調動作を行うシステムが必要と考えた。

　これはクラウドよりも「地面に近い場所」にサービスやアプリケーショ

ンが存在するイメージから、シスコは「Fog Computing」と命名した。Fog Computingは、ヒトやモノに近い場所で動作する機器類と連結して自律動作する機能を持たせたもので、モノとクラウドを連結する単なるネットワークではない。

これにより、ビッグデータをすべてクラウド上で処理するよりもはるかに高速な処理を行うことができる。そしてこの技術により、クラウドとモノ側との間でビッグデータの交通渋滞を防止できるという。

シスコは、IoT時代には「Fog Computing」が必須になると考え、この技術で、コネクティビティ階層で支配的な立場を狙って、ネットワーク端末「Fog Node」の開発を推進している。シスコはこれらを支える製品として、従来からスイッチ製品やルーター製品を機能アップするだけでなく、野外アクセスポイントなどの製品をシリーズ化して対応しようとしている。

シスコは、インターネットの通信プロトコル（TCP／IP）で、ルーターとスイッチ市場で金脈を掘り当てた。これと同じように、IoT時代にも次の金脈をいち早く見つけようとしている。

3. 事例2 インテル（Intel）の企業内コネクティビティ戦略

　2020年には500億個ものモノがインターネットにつながるようになる。これらのモノから発生するデータをリアルタイムに処理し、経済的価値の増大や社会の変革を進めることは、とても1社でできることではない。

　だから、先進技術のソリューションをインテルが提供することで、このニーズにこたえていこうというのがインテルの戦略だ。インテルは、従来はバラバラだったゲートウェイ製品、クラウド管理製品、セキュリティ製品などのコネクティビティ階層の各種製品を標準仕様で一体化した「Intel IoT Platform」を提供している。これにより、さまざまなモノへの対応にこの基盤を流用でき、コスト・時間が圧縮できるという。

　この「Intel IoT Platform」の特徴は、コネクティビティ階層のリファレンスモデルを提供している点にある。インテルはこの「Intel IoT Platform」をソリューションプロバイダーに販売し、そのソリューションプロバイダー各社が電力や物流などのニーズにあわせた「インターネット・ソリューション」を顧客に販売してもらう方式で、企業内のコネクティビティ市場の制覇を狙っているようだ。

　これはあたかも、PC時代の「インテル入ってる」と同じ戦略だ。インテルは、この「Intel IoT Platform」で、コネクティビティのデフォルト・スタンダードを押さえることで、この市場での主導権を掌握することを目指している。

4. 結論　ビッグデータの交通渋滞の解消がカギ

　従来、モノと遠隔地に設置されたクラウドとの間でデータ通信を行って、アプリケーション処理をしてきた。その際、クラウドとの物理的距離が離れれば離れるほど、主に光の伝搬速度に起因する通信遅延[注1]が増大する。

　この遅延時間は決して無視できる値ではない。なぜなら、アマゾンやグーグルが提供しているクラウドサービスを利用する場合、海外のデータセンターにアクセスすることになるので、一般的に100ミリ秒以上のレイテンシーが発生する。

　自動運転や産業ロボット、災害ロボット、送電システムなどで許容できる遅延時間が数ミリ秒であることを鑑みると、この100ミリ秒以上のレイテンシーは大問題である。

　この光の速度に起因して発生する通信の遅延時間は縮められないため、交通制御のような高いリアルタイム性が求められるアプリケーションに適用することは困難である。

　さらに、マシンガンのようにデータを発信するモノが2020年には500億個にもなるという。これらのモノから発信されるビッグデータを扱うアプリケーションでは、情報をクラウドに集約処理するためのネットワーク帯域の増大が課題となる。つまり、データ通信の大域を圧迫して大混乱とな

注1）通信の遅延時間をレイテンシー（Latency）と言い、RTT（Round-Trip Time）で計算する。LANケーブルや光ファイバの中を信号が伝播する速度は、おおむね1kmあたり5マイクロ秒ほどかかる。だからこの遅延時間は、一般的に1kmの距離に対して約5マイクロ秒の通信遅延が発生する。たとえば、東京から大阪まで光ファイバを敷設すると、直線距離なら400km程度だが、ケーブルは一直線に敷設できないので、ケーブル長としては2倍以上の1000kmほど必要になる。この距離だと、片方向で5ミリ秒ほどの遅延が発生するので、遅延時間は10ミリ秒になる。また、この他にもルーターや伝送機器などを通過する際に遅延が加わるので、遅延時間はもっと大きくなる。実際に、東京に設置されたサーバーに大阪からアクセスすると、10〜20ミリ秒くらいの遅延時間になる場合が多い。

る。まさに、大交通渋滞の発生が予想される。

つまり、**IoT時代のコネクティビティ層の課題は、ビッグデータの交通渋滞である**。この交通渋滞をなくすために、シスコはモノやヒトの近くの「Fog Computing」に処理を分散させることで、大規模なクラウドコンピューティング環境と比べて通信遅延を大幅に短縮でき、帯域の圧迫を解消し、交通渋滞を解消しようとしている（**図表6-1参照**）。

同じように、インテルはこの交通渋滞を「Intel IoT Platform」で解消しようとしている。

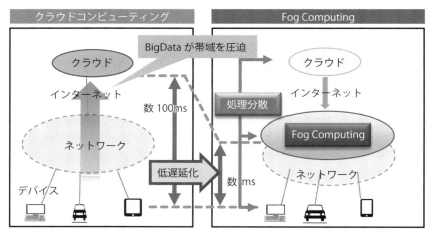

図表6-1　Fog Computingの効果イメージ

5. 予測　交通渋滞を解消できるサービス事業者が市場を独占

　シスコの戦略は明確で、**図表6-2**に示すようにコネクティビティ市場に狙いを定め、「Fog Computing」を武器に、広域のコネクティビティ階層の制覇を狙っている。

　市場をコネクティビティ階層に限定しているため、世界のIT業界の中での競争も少なく、協業しやすいポジションにいる。だからインダストリアル・インターネット・コンソーシアム（IIC）の実証実験でもシスコは、GE、ボッシュや富士通などの主要メンバーと協業して成果を出している。

　また、直近の2016年6月にも、IBMとシスコは「IBM Watson IoTとCisco Fogの連携」を公表した。これはクラウド上に展開されるIBMの人工知能ワトソン（Watson）のスマートな分析サービスと、遠隔地のセンサー・データを取得・分析するシスコのFog Computingの能力を、組み合わせるというものだ。

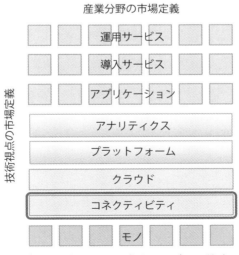

図表6-2　シスコのコネクティビティ戦略

この協業の最初の顧客は、リモート・ロケーションをたくさん抱えているカナダの大手電気通信事業者のベル・カナダ（Bell Canada）だ。ベル・カナダは、自身の4GネットワークとこのIBMとシスコのサービスを活用すれば、データの収集・分析を達成できるようになると期待している。

　一方のインテルの戦略は、図表6-3に示すように市場をコネクティビティとクラウドに定めている。インテルの強みはゲートウェイ製品である。データの流れが分岐する箇所には必ずゲートウェイ製品が必要であり、すべてのモノからビッグデータが発生してコネクティビティ階層を経由してクラウド階層に至るまで、数多くのゲートウェイ製品を経由することになる。

　従来の「PCの中に、インテル入ってる」から、IoT時代は「コネクティビティにもクラウドにもインテル入ってる」になるよう、パートナー企業と協業してマーケット拡大を狙うだろう。インテルがPC時代にとったパートナー戦略は、マイクロソフトとの協業だったのと、組む相手がPCメーカーだったので、効率よく展開できた。だが、今回のパートナーは

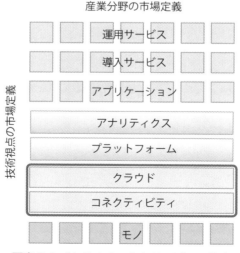

図表6-3 インテルのコネクティビティ戦略

PCメーカーよりも会社数が多く、企業規模も小さい国ごとのソリューションプロバイダーに頼ることになる。このため、事業展開のスピードは決して速くはなく、シスコに対して苦しい戦いになるだろう。

　コネクティビティ市場は、多彩な分散処理と制御が中心となる非常に幅広い市場だ。現在は、シスコが一歩リードしているが、数学や物理法則（コラム　コンストラクタル法則を参照）などを用いて、ビッグデータの交通渋滞を解消できる現在のアカマイ・テクノロジー[注2]のようなサービス事業者が出てきて、市場の主要な一角を占めるだろうと予測する。
　現在コネクティビティ市場を牽引しているシスコもインテルも共に、従来から水平横断戦略をとってきた企業だ。今後のIT業界の主戦場となるコネクティビティ市場をアメリカ企業に独占を許しては、PC時代やスマートフォン時代の再来となってしまう。
　シスコの「Fog Computing」と似た概念をNTTは「エッジコンピューティング」[注3]として打ち出している。NTTには是非ともこの「エッジコンピューティング」で、コネクティビティ市場を牽引してほしい。

注2）現在のインターネットの高速検索を裏から支えているアカマイ・テクノロジーは、MITの数学教授のトム・レイトンが1998年に創設した企業だ。まず誰かが自分のブラウザを使ってインターネットのウェブ上をいろいろ見て回って、あるサイトにいく。そのサイトがアカマイ社の顧客であった場合、その人のブラウザは、その人が住んでいる場所の近くにあるアカマイ社のコンピューターに誘導される。そして、たとえばショッピングをするとか、ホテルの予約をするとか、銀行の口座から支払いをするとかといった、その人が探していたすべてのページは、当該のサイトに直接アクセスするのではなく、実はアカマイ・テクノロジーのサーバーから供給されている。今や、世界中のほとんどのメディア関係企業、主要なeコマースサイト、世界10大銀行のうち9行、アップルを含むメジャーなサイトは、多かれ少なかれアカマイ・テクノロジーの顧客だ。このアカマイ・テクノロジーはあまり一般に知られていないが、インターネットを利用するとき、必ずお世話になっている巨大IT企業だ。

注3）「エッジコンピューティング」はユーザーの近くにエッジサーバを分散させ、距離を短縮することで通信遅延を短縮するものである。それはスマートフォンなどの端末側で行っていた処理をエッジサーバに分散させることで、高速なアプリケーション処理が可能になり、さらにアルタイムなサービスや、サーバーとの通信頻度・量が多いビッグデータ処理などにこれまで以上の効果が期待できるという。

コラム　コンストラクタル法則とは

　たとえば、大自然は大地に降り注いだ水をどう流しているか。大河の航空写真を見ると、その迫力に感動を覚える。人工物の少ない南アメリカのアマゾン川やシベリア東部のレナ川などでは、特にそうだ。

　たとえば、レナ川のデルタ地帯はラプテフ海に突き出た半島のような形をしていて、その範囲は120km×280kmにもおよび、面積は四国の1.5倍ほどにもなる。デルタで複雑に交わりあう水路は、まるで網目のようであり、そこに無数の島が浮かんでいる。一見すると大小さまざまな河川があるように見えるが、大きな本流から次第に小さな支流に規則正しい分岐を繰り返している。

　ロバート・ホートンは、広く世界中の河川流域の形状を測量した結果、本流につながる支流の数は3〜5であり、最長の支流の長さは本流の長さにほぼ比例（比例定数は1.5〜3.5）することを発見した。これを『ホートンの法則』いう。

　これは動物の呼吸器系でも同じで、気管支は二つに分岐しては気管の数を倍増させることを繰り返している。ヒトでは23段階の分岐を持つ気管から成っているし、小さい動物のマウスでは9段階の分岐になっている。結果として、それぞれのサイズの動物種の呼吸器系において、肺胞の組織へ酸素を送り込む最善のアクセスになっている。

　その際に重要なのは、分岐する気道のそれぞれの長さが、もとの気道の直径の2乗と長さの比率によって決まることで、このときに空気の流れが一番スムーズになる。

　これらは共に『コンストラクタル法則』という物理法則にしたがって、規則正しく分岐することで水の流れや空気の流れをスムーズにしている。

　また、水や空気の流れだけでなく、ヒトの流れという視点から都市のデザインを見ると、『コンストラクタル法則』が当てはまる。たとえば、牛

が引く重い荷車の速度は、ヒトの移動速度のおよそ2倍だ。だから古代の街並みは、正方形に近い小さな街並みが自然に出現した。今日でも街並みが小さく、速い移動様式が荷車のような田園や、ローマなどのヨーロッパの古都には、これが当てはまる街区が残っている。

　自動車の速度は歩行速度の10倍以上になるので、都市のデザインは街並みに沿って多くの家が建っている。街区は輸送の科学技術が進化するにつれて、長く伸びる傾向にある。これはアメリカのハリウッドなどの高級住宅地だけでなく、ハイウェイ近傍の町並みや、東京近郊の新興住宅地にも、この傾向が見てとれる。

　さらに鉄道や航空路などの設備でも、人々が使い勝手好いと感じている設備にはコンストラクタル法則が当てはまる。したがって、ビッグデータの流れるコネクティビティでも、当然このコンストラクタル法則に従うようになると予測する。

第7章 クラウドとアナリティクスはどうなるか

1. クラウドとアナリティクスの課題

　クラウド市場は、すでに多くのIT企業が競争するレッドオーシャン状態になっている。クラウド市場はこれまで低価格化が競争の主体であったが、IoT時代を迎えた今、大きく変わってきている。各社はクラウドのキラー技術として、ビッグデータの高速処理と人工知能（AI）に注力し始めている。

　アナリティクス市場でしのぎを削っている海外の5社（グーグル、IBM、アマゾン、マイクロソフト、フェイスブック）は、すべて人工知能の先駆者でもある。

　現在のアナリティクス市場そのものは、直接的にはそれほど大きな市場ではない。だが、ここを抑えることにより、導入サービスや運用サービスの巨大市場を狙おうというケースや、たとえば今後の巨大マーケットとなる家庭内のエネルギー監視システム（HEMS）を抑えるキーテクノロジーと考えて参入している企業もいる。さらに自動運転車でも最重要技術のひとつである。

　だから巨大IT企業のアップルやSAP（エス・エー・ピー）をはじめ、ベンチャー企業のさまざまな思惑を交えての熾烈な戦いが、この領域で目下進行中である。今後ますます参画する企業も増加し、戦いも激しさを増してくるだろう。

　クラウド階層とアナリティクス階層のそれぞれが突き付けられている課題は、「構造化データ＋非構造化データを自動処理できるか」[注1]と「ビッグデータをクラウド上でリアルタイム処理できるか」である。各企業は、「これらの課題に対応できるか否か」によって、競争優位が決まってくる。

これには、アルゴリズムで非構造データを処理する人工知能や、前述したSAP（エス・エー・ピー）のインメモリ技術などが期待できる。したがって、決して従来の分析ソフト、クラウド、ネットワークの延長線上のままでは、IoT時代には対応できない。この点を踏まえて、各社が「どのようにこれらの課題に対応しているか」を以下に俯瞰する。

注1）構造化データとは、データベースで処理可能にするためにリレーショナルデータベースモデルによって構造化されたデータのことだ。企業内のデータベースに格納されているデータは、ほぼすべて構造化データである。それに対して非構造化データとは、そのような構造化がされていないデータであり、その代表が近年指数関数的に増加している音声、画像、映像データである。

2. 事例1　クラウドの革新

　クラウド市場は成長市場であると言われ続けてきた。だが、「クラウド」はこれまでバズワードでしかなかった。そのクラウドも、ここ数年でやっと定義が定まってきたが、IoT時代を迎えてさらなる大きな変化が起きている。

　一つは、図表Bで示した爆発的に増大するビックデータを、どのようにクラウドでリアルタイム処理するのかだ。この解決策をクラウド事業者は提示しなくてはならない。クラウド市場に積極的に取り組んでいるアマゾン、マイクロソフト、グーグル、SAP（エス・エー・ピー）、オラクル、富士通の6社のIoTへの取り組みを、「どのようにビッグデータをクラウド階層でリアルタイム処理するか」という課題からみると、革新的なサービスを提供しているのは、SAPである。

　世界のERP市場でシェアトップのSAPは、従来の高速処理「SAP HANA」を拡張した「SAP HANA Cloud Platform for IoT」を2015年5月にリリースした。これは、すべてのデータとプログラムをメモリ上に格納して処理する「インメモリ技術」により、従来のハードディスクでの処理に比べて数千倍～数十万倍の速度で処理できるものだ。

　これが理由なのか、シーメンスはIoTサービス「Siemens Plant Cloud Services」に「SAP HANA」を採用した。このように、SAPは他社のプラットフォームに「SAP HANA」を提供して、ビッグデータを高速処理できる「クラウド＋プラットフォーム」で存在感を示そうとしている。クラウド事業を推進している企業は、今後価格競争に加えて、この高速処理に対する回答を市場から迫られるであろう。

　もう一つ大きな変化は、クラウドを提供している各社が差別化要因として価格ではなく、人工知能で戦い始めようとしていることだ。このため、クラウドでトップシェアのアマゾン、マイクロソフト、グーグルの3社は、もはやクラウドサービスそのものではなく、クラウド上で提供してい

る人工知能利用サービスで差別化を競っている。

　アマゾンの本業は「ネット通販事業」である。そのアマゾンがクラウド事業に進出したとき、アマゾンのクラウド事業AWS（Amazon Web Services）は、本業のネット通販事業の副次的なノウハウを利用した補完ビジネスだと言われてきた。それは、アマゾンがこれまで一貫してクラウド事業のAWSを低価格に据え置いた戦略を貫いてきているからだ。

　この低価格のためAWS利用者はこれまでスタートアップ企業が多かった。だが、今や大企業までがAWSのユーザーになってきている。その結果として完全に市場を席捲する存在にまで成長してきた。しかもこうした低価格戦略の貫徹にも係わらず、AWSが稼ぎ出す利益は確実に高まってきており、業界内では驚異的な利益率である25％に至っている。

　こうなるともはやAWSはネット通販事業における副次的なノウハウを利用した補完ビジネスではなく、アマゾンの主力事業になったと見ることができる。だがアマゾンは、あくまでも本業は「ネット通販事業」で、クラウドや人工知能ではない。決して事業の軸足をクラウド事業AWSや人工知能に移そうとはしていない。だから、ことさら宣伝する必要がないのだろう。

　一方のマイクロソフトやグーグルは、クラウド上で開発した人工知能を無償で使わせ始めている。しかし、人工知能を利用する際に必要になるビッグデータをマイクロソフトやグーグルのクラウドに置かねばならない。これは人工知能を利用する際に必須となるビッグデータを、今のうちから取り込む戦略に違いない。

3. 事例2　アナリティクスの革新

アナリティクスの中核である人工知能（AI）に対する各社の取り組みを以下に見ていく。これにより人工知能の潮流を俯瞰する。

グーグル（Google）

グーグルは人工知能の世界的権威者であるレイ・カーツワイル（Ray Kurzweil）やディープラーニングやニューラルネットワークの第一人者のジェフリー・ヒントン（Geoffrey Hinton）などの錚々たる面々を研究チームに引き入れて、自然言語を人工知能で扱う研究をしている。

その成果としては、すでにスマートフォンに入っている「Google翻訳」[注2]のように、さまざまな言語に対し、単語だけでなく文章でもリアルタイムで翻訳するサービスを提供している。

さらに2015年1月、グーグルは画像解析技術と組み合わせて、スマートフォンのカメラに映した文字をリアルタイム翻訳することができる機能をリリースするなど、人工知能の応用・拡張に積極的に取り組んでいる。

たとえば、データパターン分析用の人工知能「Google Predictive API」サービスは、テキスト・アナリティクスを使用して、各種のデータ・ソースから人々の意見を取り出す顧客センチメント分析や、自分のブックマーク傾向に合わせて自動的におすすめの作品が表示されるレコメンド機能、さらにスパム検知や遺伝子解析など、多岐に渡る分析サービスを提供している。

2016年3月9日〜15日にかけて行われた人工知能（AI）対人間の囲碁5番勝負の結果は、世界中に衝撃を与えた。Googleが開発した囲碁AIの「アルファ碁（AlphaGo）」が、世界トップ棋士ともいわれる韓国のイ・セ

注2）Google翻訳サービス」は、音声解析技術と組み合わせて、スマートフォンで音声をリアルタイム翻訳することも可能である。

ドル（Lee Sedol）との対局で、4勝1敗という結果を残した。「アルファ碁」がトッププロに完勝し、世界中の注目度が一挙に高まっている。

　グーグルは2015年10月に、人工知能ソフトウェア「Tensor Flow」を、無償公開すると発表した。これは外部の研究者や企業が自由に利用し、改良を加えられるようにすることで普及を促す戦略だという。人工知能ソフトウェアのスタンダードを提供することにより、人工知能分野での主導権を掌握する狙いだろう。

　気になるのは、利用するためにデータをグーグルに預けなければいけないという点だ。機械学習させたいデータの中には、門外不出といえる大事なものが入っていることが多い。利用規約はまだ公開されていないが、もし「学習したモデル（人工知能の本体）はグーグルのAPI経由でなければ使用不能」ということや「アップロードされたデータはグーグルが自社サービス向上のため、他の目的に使うことができる」などの条件があった場合は要注意だ。これが無償提供するもう一つの理由だろう。

　そこまでしてもデータを集めたい理由は、深層学習で何をすべきなのか、何をしたらよいのか、実はこれがまだ誰にもわかっていないからではないか。

　事業の面でも、グーグルは自動運転への取り組みに極めて積極的だ。特許分析を通して経営分析や競合調査をしている「パテント・リザルト」によると、自動運転の力を「アメリカ市場における自動運転関連の特許総合力」で測ると、トヨタが高い実力を誇るが、そのすぐ後に僅差でゼネラル・モーターズ（GM）とグーグルが迫っているという。

　IT企業のグーグルが自動車メーカーと肩を並べたのは、クルマ作りでは初心者の自動運転の領域で素早く実力を付けるため、トヨタやGMから人材を引き抜き、その力を活用したからだ。グーグルはスマートフォン分野の特許出願で、アップルに対して劣勢だった失敗から学び、自動運転では明確な特許戦略を描いて突き進んでいるのだろう。

前記のとおりグーグルは、人工知能（AI）ありきの企業へと急速に変貌を遂げている。たとえば検索についても、グーグルはやりたいこと、探したいことを選択するのではなく、コンピューターとの対話を重ねることで手に入れる方法を追求している。

　このように、グーグルはクラウドやプラットフォーム（OS）からアナリティクス（人工知能）に重点を移行させている（**図表7-1参照**）。

IBM

　IBMは、従来から人工知能「ワトソン（Watson）」を開発してきている。ワトソンは自然言語の質問に対して、大量の文献などから最適解を検出するコンピューターシステムである。

　この仕組みは単なる単語検索ではなく、問題（文）の内容を分析して事前に収集された大量のテキスト情報から問題の解答候補とその根拠・確信度を計算し、高い確信度の候補が得られた場合に回答する、という一連の処理を高速に実行するコンピューターシステムである。つまり、解法を自分で組み立てる処理能力を持っている。

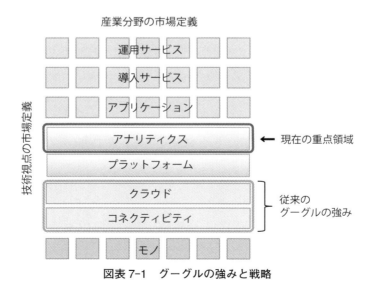

図表7-1　グーグルの強みと戦略

そのワトソンの性能は、2011年に米国で放送されたクイズ番組で披露された。ワトソンが人間のチャンピオンに勝利したのだ。ワトソンを用いた質問応答事例では、最初の質問である「アメリカが外交関係を持たない世界4ヶ国のうちもっとも北にある国は？」の質問に対して、まず文章の内容を解析する。次に、膨大な情報源から外交関係を持たない4ヶ国を見つけ出す。そして、選ばれた国の緯度を調べ、その中から最も確信度の高い解答を選び、結果として「北朝鮮」と解答していた。

近年、「Watson Internet of Things」とブランドし直し、人工知能を同社のIoTの取り組みの中心に据えた。そして、IBMは人工知能を基盤に据えて、従来からの強みであったクラウドからアナリティクス市場へ事業の重点を移し、得意のソリューションビジネスとして、垂直統合戦略への移行を試みている（**図表7-2参照**）。

そこでまず、最初のターゲット市場として、IBMは医療分野に狙いを定め、医師にワトソンを用いた診断支援サービスの提供を開始した。ワト

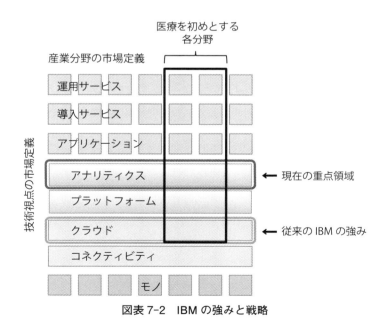

図表7-2　IBMの強みと戦略

ソンの自然言語解析技術を用いて、膨大な医療文献と数十年分の患者データを数秒で検索し、患者の症状に合った文献を元に、医師に診療判断を提案するものだ。

さらにIBMは、ワトソンを用いた垂直統合サービスを、将来的には自動運転車、スマート・マニュファクチャリング、コネクテッド・ライフ、スポーツやエンターテインメント、小売業の店舗に拡大するという計画を発表した。

アマゾン（Amazon）

アマゾンは本業である「ネット通販事業」やクラウド事業に加えて人工知能を活用してユーザーが注文を完了する前に、予測出荷を行う即日配送システムを構築しようとしている。これは購入する可能性が高いユーザーの配送先を人工知能で予測し、事前に出荷するというもので、配送途中で出荷が確定するとそこへ商品を配送する仕組みである。

つまり、アマゾンは「ネット通販事業」を支えるために人工知能に注力している。それは、IBMのように人工知能を梃として垂直統合サービスを狙う戦略ではなく、アマゾンの本業である「ネット通販事業」のエンジンとして、クラウド事業AWSと同様に人工知能に注力する戦略だ。

人工知能が解析するビッグデータは、ユーザーのオンラインストア上での挙動、購入履歴パターン、アンケート、地理データ、「欲しいものリスト」などである。このアイデアをアマゾンは2012年にアメリカで特許申請し、2014年に特許を取得している。

この他にもアマゾンは、即日配送のための人工知能搭載ドローンも開発中だ。このように、アマゾンは、「即日配送」という目標達成のために人工知能を活用して、本業である配送業務の徹底した効率化を図っている。

アマゾンのこの動きは、人工知能を本業にしようとしている企業にとっては、かつてのクラウド業界が直面したことと同様、アマゾンがアナリティクス市場で、いつ厳しい競合相手に変身するとも限らないことを暗示している。

マイクロソフト（Microsoft）

　マイクロソフトは「あらゆる物体を視覚的に認識する人工知能」として「Project Adam」を推進している。2014年7月のデモンストレーションでは、スマートフォンのカメラで犬を映し出し、「この犬の種類はなんですか？」と質問すると、「Project Adam」が犬の種類を識別して回答した。

　この技術はまだ研究段階に過ぎないが、グーグルの同様のシステムに比べて30分の1のコンピューター台数で50倍の速度と2倍の精度の画像認識を実現したという。

　またマイクロソフトの人工知能サービスの一つ「Microsoft Azure Machine Learning」は、人工知能の機械学習機能を利用できるサービスで、プログラミング言語なしにユーザーが利用できるという。

　オペレーティングシステム（OS）から出発したマイクロソフトは、クラウドに進出した後、現在はアナリティクス層の人工知能の開発に注力している。このようにマイクロソフトの戦略は、同社の設立以来ずっと一貫して水平横断戦略である（**図表7-3**参照）。

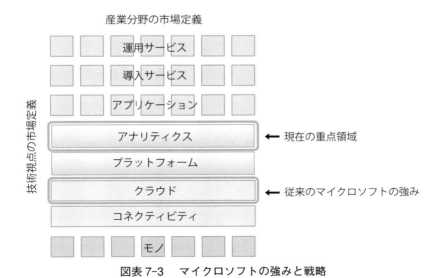

図表7-3　マイクロソフトの強みと戦略

フェイスブック（Facebook）

　フェイスブックは、人工知能を活用した顔認証技術「DeepFace」を開発し、人間の顔面認識精度（97.53％）とほぼ同等の顔面認識精度（97.25％）を実現したと、2014年3月に発表した。

　この技術のポイントは、2次元データである顔写真を3次元化し、さらに回転をさせて「異なる角度から見た場合の顔はどう見えるか」を「DeepFace」が認識することができる点にある。

　さらにフェイスブックは、顔認証技術だけでなく音声アシスタント技術など、SNSで活用可能な人工知能を研究している。これには、ベンチャー企業を巻き込んだSNS業界全体での人工知能開発の主導権を掌握する狙いがあるようだ。このようにあくまでもフェイスブック自身の本業に立脚した取り組みは、アマゾンと酷似している。

4. 結論 ビッグデータの高速処理と人工知能サービスの優劣がクラウドを制す

　製造業のコストの低減は今後も続くが、勝負するところは価格がメインではなく、製品のデザインや開発スピード、その製品を顧客システムに組み込む導入サービスや、その運用サービスがますます重要になってくる。その際には、これまで蓄積された知識・知見の高速処理が勝負の要となってくる。

　したがって彼らが今後のクラウドに期待するものは、まず日々蓄積される膨大なビッグデータを高速処理して目的の分析に役立つことだ。そして、業務ごとに有効なアクションを支援する専門に特化した人工知能サービスを提供してくれることである。このようなサービスを提供する企業が、クラウド事業を制することになるに違いない。

　クルマの自動運転、介護ロボット、医療行為や金融投資など、特定用途への人工知能の応用は、差し迫ったテーマだ。これら一つひとつの問題に、積極的に取り組んでいく企業が生き残るのだ。

　人工知能で先行しているグーグル、IBM、マイクロソフトの3社は、クラウドサービスを以前より展開している。だが、クラウド市場で勝負をするのではなく、アナリティクス層（人工知能）を自社の事業の柱に据えて、グローバルに事業を展開しようとしている。このことから、IoT時代のクラウド事業はアナリティクス層（人工知能）によって差別化されていくと読み取れる。

　これに対して、アマゾンとフェイスブックの2社は、自身の事業をより強化するための手段として、人工知能に注力している。このアプローチは、グーグルやIBM、マイクロソフトと比べて事業目的が明確であることから、人工知能の開発スピードの面、適用実績のアピールという点から有利である。

　また、現在の人工知能は機械学習、その発展形であるディープラーニン

グ（深層学習）をベースにしている。現在開発可能な「人工知能」は、この技術を用いて一つひとつの目的に特化して開発された専用人工知能であり、いわゆる人間の頭脳のような多目的な用途に用いることが可能な汎用人工知能ではない。

　この面からも、事業の中での人工知能の役割を明確にして特定目的専用の人工知能を開発しているアマゾンやフェイスブックのアプローチは、ビジネスとして理に適っている。

　それに対して、汎用的な画像・映像認識、言語解析の技術開発をしているグーグル、IBM、マイクロソフトは、事業の中での人工知能の役割の明確化と、その事業目的に特化された人工知能の開発が疎かになっているように、筆者には見受けられる。

　アマゾンとフェイスブックの両社とも、アマゾンが自社用に開発したAWS（Amazon Web Services）でクラウド事業に進出したように、ゆくゆくは人工知能の外販を始めるだろう。その時は、事業として先行しているグーグルやIBM、マイクロソフトなどの手ごわい相手となって登場してくるだろう。

コラム　ディープラーニング（Deep Learning）とは

　ディープラーニング（深層学習）はパターン認識のための機械学習の一種で、二つの特徴をもっている。一つは、ニューラルネット（神経細胞網）と呼ばれるモデルを用いていることだ。これは幾つかの層から構成されており、1つの層に多数のノード（人口ニューロン）があり、ネットのパラメータの重み係数を調節していくことで学習する。

　もう一つは、特徴量の設計が自動化できること。これまでは特徴量を人間が設計し、コンピューターに予め教え込んでおく必要があった。ところがディープラーニングは、コンピューターが自動的に、対象パターンの特徴を抽出するので、特徴量設計は一切不要になった。これが機械学習研究にとって、大きなブレイクスルーだった。

　特徴量設計が不要になった理由は、得られた出力パターンを元の入力パターンと比較し、その差異を減らすように内部パラメータ調節をおこなう仕組みが発明されたからだ。

　今や、グーグル、IBM、マイクロソフトといった巨大企業がこのディープラーニングに取り組んでいる。中でも「グーグル猫認識」は、ユーチューブの1000万の動画から自動的に猫の顔を認識したことで、マスコミで大きな話題となった。

　ディープラーニングはパターン認識技術のブレイクスルーだ。だが、それによって汎用人工知能ができるわけではない。ディープラーニングの得意技とは、パターン分類という目的があたえられたときに、それを効率よくなしとげる解決能力である。コンピューターがおこなっている処理の実体は、データの高速統計処理だけだ。

　だから現在、実用化されている人工知能技術はすべて「専用の人工知能」だ。機械翻訳にせよ、掃除ロボットにせよ、将棋ソフトにせよ、何らかの特定目的のためのものであって、それ以外には役に立たない。つま

り、過去のデータを統計処理する。それを高速に行っている技術だから、特定目的以外には応用が利かない。

　1000万の動画をあつかった「グーグルの猫認識」では、わざと大量のノイズを混入して、歪んだパターンを処理する学習をさせ、現実の要求にたえるパターン認識レベルになったという。現在のディープラーニングでは、猫の認識でもこれだけのデータが必要になる。だから、人工知能に取り紙んでいる企業は、目的のデータの確保に躍起になっている。

　カギを握るのは、結局「いかに速く学習するか」ではなく、「人工知能を何に使ったら有効なのか」という目的の発見である。つまり、「どうすれば人工知能でもうけられるか」という方法の発見にほかならない。これに関しては、まだどの企業でも結論が出ていないようだ。

第4部

モノ重点戦略

　前述したように、GEは航空機エンジンを航空機器の視点から、またボッシュはマイクロセンサーを電子部品の視点から、ともに直接の顧客だけではなく、最終ユーザーの利便性や効率を意識したサービス事業をグローバルに展開し始めている。この動きは、結果として、社会の目で見た最適化を目指していることになっている。

　GEやボッシュを筆頭にこの戦略を採っている企業は、自らのために開発したプラットフォームの外販まで始めている。この戦略を本書は「垂直統合戦略」と命名し、それについて第2部で詳述した。

　今や、モノに強みのある世界中の企業が自社のモノ（部品・製品）にIoTモジュール／センサーをつけて、特定マーケット向けのセンサー内蔵の設備・装置で優位を築く戦略とっている。このパターンの企業の戦略を本書は、「モノ重点戦略」と命名した。

　この「モノ重点戦略」の応用範囲は、ほとんど無限に近い。出版されている書籍には、この「モノ重点戦略」の事例であふれている。だから逆に、IoTの全貌が見えにくくなっているのだ。

　図表1-11に示した本書の調査対象企業がモノ重点戦略をとっている製品は、3Dプリンタ（Additive Manufacturing）[注1]、生産自動化（Factory Automation）、自動運転車（Connected Car）などである。

　そこで本章では、3Dプリンタ、生産自動化、自動運転車と、現在何か

と話題のドローン（Drone；遠隔操作の飛行端末）を含めた4製品に取り組んでいる企業の動きを俯瞰することで、「モノ重点戦略」企業がどのように変貌しようとしているのかを見ていくことにする。

　3Dプリンタ、生産自動化、自動運転車などの"モノ"は、20世紀からすでに存在する。だが、21世紀のITの発達に伴い、ITとモノの統合が始まり、劇的な変化と遂げつつある。このためモノ重点戦略は、モノ自体の開発競争に留まらず、「IT企業とどう連携するのか？」が新しい競争原理になりつつある。これをビッグデータの制御という観点でまとめると、このすべての領域に前述した人工知能が絡んでくる。

　つまり今後は、従来の産業構造の枠にとらわれていては、グローバル競争から取り残されるだけでなく、生き残ることさえ覚束なくなる時代に変わりつつある。

注1）3Dプリンタは、3D-CADや3Dスキャナーで作成した三次元データを利用して素材からモデルを造形する装置のことである。近年、3Dプリンタの名称は「Additive Manufacturing」に学術的に統一され、多くがこの正式名称を採用している。だが、本書はこれまで使われて馴染のある3Dプリンタの名称を用いる。

第8章　IoTによって製造現場はどう変わるか

1. 事例1　3Dプリンタ（Additive Manufacturing）

3Dプリンタ（Additive Manufacturing）の社会的影響

　3Dプリンタは大きな可能性を秘めているものの、3Dプリンタ出力は現在のところ試作・工具のレベルに留まっている。だが、シーメンスやヨーロッパを代表する重電・エンジニアリング会社エービービー（ABB）、それにGEなどの大手製造業者は、3Dプリンタによる部品・製品の生産の事業化の準備を始めている。

　そんな中、先行している3Dプリンタ業界最大手のストラタシス（Stratasys）の3Dプリンタは、一部ではあるが部品・製品製造で実用され始めている。

　今後、素材の開発が進めば3Dプリンタで部品・製品を生産（出力）できるようになる。そうなると、部品や製品の輸送が減少し、流通が大きく変わり、世界の製造業や流通業は激変し、社会に革命的変化を引き起こす。

　たとえば、中国は安価な人件費を武器にして世界の工場となったが、3Dプリンタや後述する生産自動化によって製造の限界コストがゼロに近づいていくと、現在の中国の優位は自ずとなくなるなど、世界の経済構造だけでなく政治情勢も大きく揺らぐことになる。

　だが、現在の3Dプリンタは使える素材が限られていて、まだまだ期待するモノが作れない。それに、プリントに時間がかかるし、色も素材の色そのもので、彩色できないなどの制約が多い。さらに素材によっては、造形物の強度や気密性も低いものもあるし、つくる形状によってはサポート材が必要となる。詰まるところ、現在は素材（材料）そのものと素材のコ

スト面での課題が山積している。

そんな中、日本では将来の再生医療に向けて血管など複雑な形の組織を3Dプリンタで作る研究が相次いでいる。たとえば、佐賀大学はiPS細胞から育てた細胞の塊をチューブ型に組み上げて血管を作った。京都大学は神経を包む筒状の組織を作り、ネズミに移植して神経を再生した、などの報告が続々と出てきている。

以上のように今は実験段階だが、これらが実用できるだけでも、社会に大きなインパクトを与える。

3Dプリンタで製造現場が激変する

3Dプリンタは、ソフトウェアの指示に従って、溶融したプラスチックや金属、その他の供給原料を一層ずつ積み重ねることで有形の製品を作り上げる。そのため3Dプリンタは、従来の製造とはいくつか重要な点で異なる（**図表8-1**参照）。

① 3Dプリンタは、溶融した材料をソフトウェアの指示で一層ずつ積み重ねて製品をまるごと作る。これに対して、材料を削って作る従来の製造方式と比べると、3Dプリンタは10分の1しか材料を用いない。したがって効率と生産性の面で3Dプリンタは断然有利である。

② 3Dプリンタは、製品をカスタマイズし、最小限のコストで注文どおりの製品をたったひとつ、あるいはほんの少数作ることも可能である。

③ 3Dプリンタは有形の製品をプログラムしてプリントするのに使う

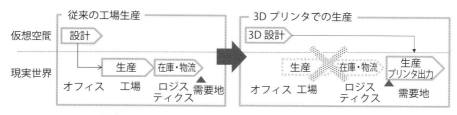

図表8-1　従来の工場生産と3Dプリンタでの生産

ソフトウェアがオープンソースなので、無数の特許のコストを勘定に入れなくてはならない従来の製造企業より有利である。
④　3Dプリンタ業者は、第三次産業革命のインフラがある場所ならどこでも開業できるし、生産性向上も果たせる。

実際、NASAは2015年に、宇宙ステーションで必要となった工具を宇宙に輸送するのではなく、工具の3D設計データを送信し、宇宙ステーション内の3Dプリンタに出力させた。当然ながら、この過程に「工場」や「スペースシャトル」は登場してしない。

3Dプリンタの代表メーカー

3Dプリンタによる出力対象を大別すると、BtoB向けの試作品の生産①、部品・製品の生産②、冶具・工具の生産③、実験用の精密模型の生産④、およびBtoC向けの展示用模型の生産⑤の5つに分けられる（**図表8-2参照**）。

この5つのうち、部品・製品を生産（出力）してこそ、モノをひとつ追加生産するのに必要なコストが本当にゼロに近づく。だがその他は、生産性向上のレベルに留まる。

図表8-2　3Dプリンタ製造メーカーの位置づけ

3Dプリンタ業界最大手のストラタシス（Stratasys）は、部品や製品生産も実用化している点で群を抜いている。

　後を追う形のシーメンスやヨーロッパを代表する重電・エンジニアリング会社のエービービー（ABB）、それにフランスの重電メーカーのシュナイダー（Schneider）も部品・製品の生産工程に3Dプリンタを導入することを目指しているが、未だ研究開発段階である。

　同じくストラタシスの後を追うリコーは、ストラタシスと協業して3Dプリンティング事業を開始した。自社工場にストラタシス制の3Dプリンタ設備の導入を始め、3Dプリンタによる出力代行や、顧客の生産プロセスへの3Dプリンタ導入のサービスを2015年4月に開始している。

　リコーの3Dプリンタは、粉末状の材料にレーザーを照射して焼結させる粉末焼結積層造形方式を採用している。これにより、高精細・高耐久な造形物の制作を実現できることが特徴である。だがその適用範囲は、まだ試作品や冶具・工具段階にとどまっている。

3Dプリンタの適用分野

　Rapid Prototyping（試作品） は、すでにさまざまなメーカーの研究開発・試作品生産段階で用いられている。たとえば、アルミニウムを素材とした魔法瓶の開発や白物家電の試作品開発での事例などが多数ある。導入の目的は、研究開発の期間短縮や投資抑制、市場投入の早期化などである。

　Rapid Tooling（冶具・工具） では、ストラタシスの3Dプリンタが数多く実用されている。特に膨大な数の工具が必要となる航空機生産においては、特殊仕様の工具を現場ですぐに作成できることは非常に重要であるため導入実績が多い。

　精密模型（医療用など） でも、ストラタシスの3Dプリンタはインプラント製造などで実用が始まっている。従来の神経外科機材のプロフェッショナルを訓練する方法は、コンピューターシミュレーションと遺体解剖しかなかった。だが、特定患者の腫瘍や実際の人体の外観や手触りを模倣

したマルチマテリアルによる精密な3Dプリントモデルの開発で、チタン製インプラントの製造が可能になった。

また、歯科医や歯科ラボは、患者ごとに要求の異なる歯の治療に3Dプリントを使ったデジタル歯科治療を始め、患者の待ち時間が少なくなるなどの効果が出ている。

Rapid Manufacturing（部品・製品）でも、ストラタシスの3Dプリンタは商品開発の工程におけるさまざまなシーンで、部品や製品の製造に使われている。単純な試作品を製造するだけではなく、金型を製造するツールとしても使用できるし、金型自体を製造することも可能である。これにより、商品開発のスピードを大幅に高めることが可能だという。

具体例としては、特殊素材を精密に組み合わせた部品・機材の摺合せによって作られる航空機部品をストラタシスの3Dプリンタで製造し、航空機に組み込んでいる。

繰り返すが、3Dプリンタにはいろいろな問題が山積しているが、**最終的には素材開発によって解決する**。長期的には3Dプリンタの普及は不可避で、3Dプリンタによる製造は、従来の生産形態を根本から覆す。このように3Dプリンタは、第四次産業革命の中心技術のひとつである。

2. 事例2　生産自動化（Factory Automation）

　生産自動化は、従来ヒトによって行われていた作業を、産業用ロボットを多用して無人化することで、ヒトによる作業ミスの削減、作業効率やヒトに対する安全性の向上を図るものである。つまり生産自動化は従来から存在する分野だが、近年、デジタル上に製品や生産ラインを再現し、それを自動生産につなげる技術の実用化が始まっている。

　これは現実の世界に存在するモノからさまざまなデータを収集し、そっくりそのままコンピューター上で再現し、シミュレーションしたデータに基づいて、製品の稼働状況をすべて把握して、故障の予知なども可能にするというものである。これまでの「機械化」は、労働者に機械を操作させることで、重労働を機械に肩代わりさせていた。だが、「生産自動化」は人間の感覚や思考といった能力まで機械に肩代わりさせるものだ。

　従来、生産自動化を進める際には、物理法則や化学反応などの一般的な法則に基づいたモデルで現象を理解していた。あるいは、専門家のみが有する経験や見識に頼っていた。それをいろいろな技術で一層高めようとしてきた。

　だが、生産自動化を進める際にいかに精緻なモデルを用いていても、現実の製品はさまざまな環境の中で運用されるため特性が変化し、モデルと製品の乖離が発生してしまう。このような課題に対し有効だとされるのが、現実の世界で起こっている現象をリアルタイムにバーチャルな世界で再現する方式である。

　今後は、誰がこの生産自動化のディファクト・スタンダードを握り、プラットフォームを抑えるかの戦いになる。

　このデジタル空間と生産設備とを連携する生産自動化を、シーメンスと組んだSAP（エス・エー・ピー）が「Cyber-Physical Systems」と名付け、GEは「Digital Twin」と呼び、国内では三菱電機が「e-F@ctory」と称して競い合っている。

シーメンスの「Cyber-Physical Systems」

　生産自動化は、インダストリー4.0の核心の一つである。それを忠実に実現しつつあるシーメンスの生産自動化の動きを俯瞰する。

　シーメンスの「Cyber-Physical Systems」は、生産の計画から製造工程、資源の有効活用、サプライチェーン、そして生産のライフサイクルの管理に含まれている産業の全過程に対して、根本的な改良を容易にするものである。

　たとえば、現在の自動車の生産は、決められた工程に従って進められるライン生産方式が主流である。混流生産などの方式はあるものの、生産するには多くの製造機械によるラインを組まなければならないため、製品の仕様を多様化することはそう簡単なことではない。

　こうした生産ラインをつかさどる製造実行システム（MES；Manufacturing Execution System）は、本来は生産ラインに柔軟性をもたらすはずだが、実際は生産ラインを構成するハードウェアの制約によって活用できる機能が限定的になっている。

　また、生産ラインで働く人々も個々の現場で全体像が把握できるわけではなく、定められた役割を果たすための作業を行うだけで、結果としてリアルタイムで顧客ごとの個別の要望に応えることは難しい。

　しかし、「インダストリー4.0」の目指すスマート工場では、固定的な生産ラインの概念がなくなり、動的・有機的に再構成できるセル生産方式を取る。

　たとえば、「Cyber-Physical Systems」として動作する生産セルの間を、組み立て中の自動車が自律的に渡り歩き、必要な組み立て作業を受ける。その中で生産面・部品供給面でボトルネックが発生しても、他の車種の生産リソースや部品を融通して生産を続けることができる。車種ごとに適したセルを自律的に選択して動的に工程の構成が行われる。

　この形であれば、設計・組立・試験まで一気通貫する工程を製造実行システム（MES）が動的に管理することで、設備の稼働率を維持しながら生産品種を多様化できるようになる。

シーメンスが「Cyber-Physical Systemsの生産設備」として力を入れるのが、製品ライフサイクル管理（PLM；Product Lifecycle Management）のソフトウェアの開発である。多くの製品ライフサイクル管理（PLM）システムは単なる部品表（BOM）に過ぎないが、シーメンスの製品ライフサイクル管理システムは、字義通り製品の全ライフサイクルをデジタル上に再現することを指している。

実際、シーメンスはデジタル空間上に車の構造と制御系を細部にいたるまで再現し、各部分にかかる重力負荷、乗り心地、安全性などの、従来ならば物理的に行われてきたテストをデジタル上で実施している。

これは製品設計と生産設計をひとつに結びつけ、価値創造全体にわたる終始一貫した支援を可能にする。これはもはや「部品表の延長線」のイメージがある既存のPLMとはまったく別ものである。

シーメンスは製品ライフサイクル管理システムを開発するために子会社「Siemens PLM Software」を設立し、設計から試作・量産に至る全工程を、デジタル空間上で再現・試行実験・生産制御しようとしている。

たとえば、製品ライフサイクル管理システムは、PLM上で車を3D「3次元」で再現し、V字モデル（基本設計→詳細設計→開発→結合テスト→総合テスト）の一連の工程をすべてデジタル空間上で行う。そして、個々の部分にかかる重力負荷、乗り心地、安全性などさまざまなシミュレーションをデジタル空間上で実施するものである。

シーメンスは、まず設計・製造工程をデジタル空間で行うことで、設計・試作段階の手戻りコストと時間とを圧縮させ、投資額最小化と市場投入時期の早期化を実現する、また製造コストの削減により、製品ライフサイクルにおける収益性の向上をはかる、というものだ。シーメンスはこの二面から投資対効果をあげているという。

このようにシーメンスは、顧客に対して投資対効果を明示して、新設した「Digital Factory」部門の中核に製品ライフサイクル管理システムを据えたソリューション事業の展開を開始している。

GEのデジタルモデルによる設計・保守「Digital Twin」

　IBMからGEに移ったコリン・パリス（現・GEデジタルの副社長）は、工場や製品などに関わる物理世界のでき事を、そっくりそのままデジタル上にリアルタイムに再現する方式を「Digital Twin」という概念でまとめ上げた。そして、コリン・パリスは、GEの医療から航空までのあらゆる事業部門にこの「Digital Twin」を広げた。

　「Digital Twin」は産業用機器の「デジタル版の双子（Twin）」という意味で、双子には「物理モデル」と「データモデル」の2種がある。「物理モデル」は産業用機器を設計する三次元（3D）CADの応用と物理シミュレーションにより、ある環境下で機器に故障が起こるかどうかを予測する。「データモデル」は産業用機器に組み込んだセンサーから収集した現在のデータと過去のビッグデータとから故障の発生などを予測する。

　GEの「Digital Twin」が従来のシミュレーションモデルと異なるのは、モデルが常にアップデートされる点だ。従来の手法では特定のモデルに対しパラメータを与えてその結果を解析するが、「Digital Twin」ではモデル自体を常にアップデートしている。

　これにより、個体ごとに特性の変化を捉えることができ、より高精度の故障予見が可能となる。ちなみに、すべての製品ごとにモデルを作成しているとコストが高くなってしまうため、実際はテンプレートが存在し、それをカスタマイズすることで対応している。

　このことを航空機エンジンの保守メンテナンスの事例で説明する。二つの航空機エンジンがあるとする。工場の出荷時は同じ状態で出荷されるが、どの航空機に搭載されるかによって、その後の保守メンテナンス方針が変わってくる。たとえば片方は、東京と大阪の間しか飛ばない航空機だが、もう片方は東京とサンフランシスコの間を飛ぶ航空機のエンジンに搭載されたとする。

　東京と大阪の間しか飛ばない航空機の飛行距離は短いが、東京とサンフランシスコの間を飛ぶ機体の飛行距離は長い。飛行距離が短い航空機は相対的に航行の頻度は多くなる。一方の東京とサンフランシスコの間を航行

する航空機は、長い時間海上を航行するので、塩分濃度の高い大気にさらされる時間が長くなる。航空機エンジンにとって塩分は大敵なので、その分劣化は早くなる。

　このような航空機のエンジンであれば、フライトごとに収集したデータを分析して、バーチャルのモデルに反映していくことで、どのパーツの交換が必要かを把握することができ、保守の効率化につながるだけでなく、故障の予見につなげていくことができる。実際、航空機エンジンの修理には、1回で20万～30万ドルもの費用が発生するので、故障の予測を間違えて修理するのは巨大な損失になる。

　この「Digital Twin」は航空機エンジンのような産業機器だけでなく、発電所のような大きな社会システムや、オペレーションにも適用できる。これにより産業機器の製造・保守だけでなく、ライフサイクル管理を通じてより高い付加価値を顧客に提供するビジネスモデルが可能となる。

三菱電機

　従来から生産自動化（Factory Automation）に取り組んできたGE、シーメンス、三菱電機などの産業機器メーカーは、最近のIoTの動きよりも先行してデジタル連携を強化している。中でも三菱電機は、驚くことに2003年から産業機器群とIT製品群を体系化している。

　現在、このデジタル空間と生産設備とを連携する生産自動化は、GEやシーメンスが先行している。GEは無論のこと、シーメンスはドイツが推進するインダストリー4.0の中心メンバーであるため、彼らの情報発信力は極めて強い。

　独自路線である三菱電機の「e-F@ctory」は、現在のところ決してGEやシーメンスに引けを取ってはいないが、三菱電機の情報発信力は弱いと言わざるを得ない。

　ただこれからのIoT時代は、ディファクトスンダードを抑えたものが勝つ世界になる。その意味から三菱電機にはIICの一メンバーに甘んじることなく、もっとグローバルでの積極的な活動を期待したい。

3. 事例3　自動運転車（Connected Car）

自動運転車（Connected Car）の定義

　自動運転車については、自動運転のレベル1〜4の定義と実用化期日に国際的な合意がある。各国政府の法整備や自動車メーカーならびに部品メーカーの開発は、その計画に基づき進んでいる。
　内閣府が定める自動運転のレベルと実用化の時期を**図表8-3**に示す。
　レベル1は、加速（アクセル）・減速（ブレーキ）・操舵（ハンドリング）のうちいずれかの自動化支援を行う。衝突防止のためのブレーキなどはすでに達成していて、実用化済みだ。だがレベル1は、ヒューマンエラーを機械が補っているイメージだ。
　レベル2は、アクセル・ブレーキ・ハンドリングの複数の操作を自動車が行う。主に高速道路での使用を前提としていて、2017年の達成が目標である。一定の速度を維持するクルーズコントロールに衝突防止のブレー

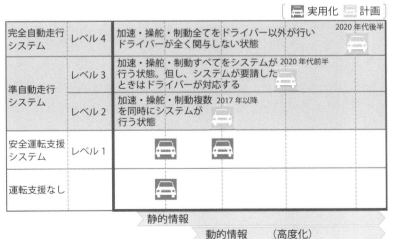

図表8-3　内閣府が定める自動運転のレベルと実用化の時期
出典：「戦略的イノベーション創造プログラム自動走行システム」(2015年5月) を筆者が一部編集した

キを連動したものなどは現在でも実現している。運転手が手・足を離しても自動運転できる。だが、運転席での監視は人間の仕事となっていて、ハンドリングはドライバーの仕事のままである。

　レベル3は、アクセル・ブレーキ・ハンドリングをすべて自動で行い、緊急時のみ運転者が対応する。高速道路だけでなく一般道でも利用可能としている。このレベル3は、2020年代前半の達成を目指すもので、運転手は運転席に座る必要もない。ただし自動運転システムが要求するときにはドライバーは運転を行う必要がある。

　レベル4は、アクセル・ブレーキ・ハンドリングをすべて自動で行い、ドライバーは目的地を指定するだけで、運転行為を一切行わないとしている。このレベル4は、自動車メーカーよりもグーグルなどの方が積極的である。

自動車メーカー

　自動車業界では2017年のレベル2の実用化の先にある、2020年代前半のレベル3の実用化に向けた技術開発競争が加速している。

　車と道路の間、具体的には信号機をはじめ、路側帯などに取り付けられた各種装置と車とが通信しあうことで、車がより安全に道路をスムーズに流れるようにしようとするものが路車間通信（V2I：Vehicle-to-Infrastructure）だ。

　路車間通信（V2I）では**図表8-4**示すように、道路工事区間の情報、交通事故の情報、故障車や落下物の情報、渋滞の末尾地点の情報、制限速度などの自動車の走行に必要なさまざまな交通情報を、路側機や信号などから無線通信を通じて自動車に提供すれば、車車間通信（V2V：Vehicle-to-Vehicle）で周辺車両の認知情報と組み合わせることで自動化の安全性をぐっと高めることができる。

　また、走行車線を変更する際にも、路車間通信（V2I）で工事や故障車、落下物の位置情報の他に、車線ごとの交通量の偏差などの情報を取得できれば、自動運転の安全性を高めることができる。

第 8 章　IoT によって製造現場はどう変わるか

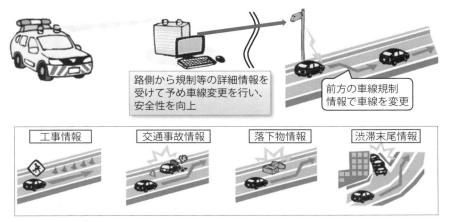

図表 8-4　路車間通信（V2I）で道路側での支援イメージ

　この路車間通信（V2I）だけでは、自動運転の実現は難しい。そこで、さらに車と車が互いに通信しあい、車がより安全に道路をスムーズに流れるようにしようとするものが、車車間通信（V2V）だ。これは一部の機能がすでに実用化されており、現在普及しつつある。

　交差点で車車間通信（V2V）により、車両接近情報の提供、右左折時衝突防止支援、出合頭衝突防止支援ができるようになり、衝突防止に役立てることができる。また、車両と歩行者が携帯するスマートフォンや専用端末と情報をやり取りして協調する歩車間通信（V2P：Vehicle-to-Pedestrian）もある。この歩車間通信（V2P）による画像表示と音声ガイドでドライバーに情報を提供することもできる（**図表8-5**参照）。

　以上の路車間通信（V2I）と車車間通信（V2V）さらに歩車間通信（V2P）を組み合わせて、より安全な自動運転環境を構築する技術開発がグローバルで競われている。この路車間通信（V2I）と車車間通信（V2V）が、自動運転車「Connected Car」の一大市場を形成しつつある。

　自動運転車の実用化にあたっては、「**自動車・自動車部品メーカー ✕ IT企業**」の協業体制の確立が重要になるため、自動車メーカー各社は車

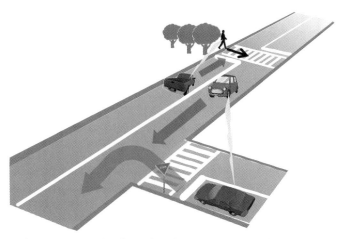

図表 8-5　V2V の例（先行自動車と通信して緊急ブレーキを発動）

車間通信（V2V）と路車間通信（V2I）の開発を IT 企業との協業で進めている。

IIC 加盟の日本の自動車会社はトヨタのみだ。トヨタは自動車用半導体のグローバル上位2社（ドイツの半導体メーカーのインフィニオンと国内の半導体メーカーのルネサスエレクトロニクス）と共同で、車両部品内蔵センサーの開発を進めている。さらに、車車間通信（V2V）と路車間通信（V2I）も開発中だ。

自動車部品メーカー

自動車業界は2020年代前半のレベル3実用化に向けて開発が進んでいる。レベル3では路車間通信（V2I）と車車間通信（V2V）がますます重要になる。つまり自動運転の実用化には、自動車の IoT ＝自動運転車の実用化がカギとなる。

だからドイツでは、前述した世界最大の自動車部品メーカーのボッシュだけでなく、コンチネンタル（Continental）や半導体メーカーのインフィニオン（Infineon）も主体的に自動運転車に取り組んでいる。

コンチネンタルの部品は、全世界の車の75％の自動車に搭載されてい

る。そのコンチネンタルは、従来からの部品供給に留まっていては、自動運転車（自動車のIoT）を主導できないと判断したのだろう、IT企業のシスコやIBMと協業して、車車間通信（V2V）と路車間通信（V2I）を開発している。具体的な協業内容は、シスコがコネクティビティとクラウドを、IBMがビッグデータ解析を、車体は自動車会社BMWが担当する分担だ。このようなコンチネンタルの動きは、前述したボッシュの動きに酷似している。

　半導体メーカーのインフィニオンも、車車間通信（V2V）と路車間通信（V2I）に向けたセンサー内蔵部品を開発しているだけでなく、ネットワークやセキュリティも手掛けていて、自動運転車関連のIT領域への進出が著しい。

　一方日本では、国内最大手のデンソーがIICには参加していないが、車車間通信（V2V）と路車間通信（V2I）については、日米欧の政府機関と自動車メーカーが協業している各種実証実験に無線通信機器を提供し、その効果を検証している。また、三菱電機は、ゼンリンなど他社と協業して、「ダイナミックマップ構築に向けた試作・評価に係る調査検討」を内閣府より受託し、国内での路車間通信（V2I）開発のリーダーシップを発揮している。

　世界の自動車部品メーカーはドイツと日本に集中している。その代表はドイツのボッシュやインフィニオン、コンチネンタル（Continental）と日本のデンソー、三菱電機などだ。

　しかし、世界の自動車部品を先導してきたドイツと日本の自動車部品メーカーの自動運転車への取り組み姿勢を比較すると、ドイツの自動車部品メーカーは自らが先導してIT企業と協業して自動運転車の開発に取り組んでいるのに対して、日本の自動車部品メーカーは自動車メーカーに追随した部品開発の範囲に留まっているように感じる。

　だが本書執筆中に、デンソーが富士通傘下でカーナビゲーションシステム大手の富士通テンを子会社化する検討に入ったと発表した。その理由

は、デンソーがいま最も力を入れている自動運転に必要な人工知能（AI）などの開発のための人材確保にあるという（2016年9月9日）。この動きを、日本の自動車部品メーカーも自動運転車に対しての取り組み姿勢が変わった兆しと期待したい。

自動運転車をめぐる開発競争

　自動運転車市場の車車間通信（V2V）と路車間通信（V2I）のプラットフォームは、「Google vs Apple」のOS開発競争の様相を呈しているようにも見える。このOS開発競争は、自動車・部品メーカーの範疇を超えて、テクニカルパートナーをも巻き込んだグローバルでの戦いになっていて、その戦いは激しさを増している。

　グーグルは車載OSのディファクトスンダードを狙って、OAA（Open Automotive Alliance）を立ち上げた。自動車用プラットフォームとして推奨しているOS（Android）がオープンにされていて、アプリケーション開発は自動車メーカーやテクニカルパートナーが自由に行えるという特徴がある。そのため、自動車メーカーやテクニカルパートナーは「OAA」に多数参画している（**図表8-6**参照）。

図表8-6　GoogleのOAA参加自動車メーカとテクニカルパートナー会社
出典：OAA公式サイトを参考に筆者が作成した、下段のハッチングが国内企業

一方アップルも「iOS in the car」を発表し、具体的なサービスとして「カープレイ」（Car Play）を出して対抗している。具体的には、iPhoneシリーズを自動車に接続し、iPhoneで提供される機能を運転中に声（Siri）やタッチパネル操作で利用できるものだ。OS（自動車用iOS）の仕様は非公開だが、アプリケーション開発は自動車メーカーやテクニカルパートナーが自由に行えるという特徴がある。そのため、対応車種は100車種を超している（**図表8-7**参照）。

実はカープレイはすでにiPhoneに実装されている。もし読者がiPhoneをお持ちであれば、「設定」→「一般」で「Car Play」がすでに存在することに気付くだろう。今はこの機能の存在すら知らなかった読者も、数年後にはこの機能で愛車にV2V、V2Iの通信をさせているかもしれない。

IT業界の巨人グーグルやアップルにとって自動車メーカーは、スマートフォン業界における端末メーカーと同じポジションだ。つまり両社にとってクルマは大きな通信装置なのだ。

対して、トヨタ、日産、ジャガーランドローバー、デンソー、アイシン・エィ・ダブリュなどの自動車関連企業は、インテルや世界的な半導体企業テキサス・インスツルメンツ、画像データ処理GPUメーカーのエヌ

図表8-7　AppleのiPhoneを搭載している世界の車種
出典：Car play 公式サイトを参考に筆者が作成した、下段のハッチングが国内企業

ビディア、富士通、NEC、ルネサス エレクトロニクス、サムスン電子などのIT企業、オーディオメーカーのハーマンなどと共に、ワーキンググループAGL（オートモーティブ・グレード・リナックス Automotive Grande Linux）を立ち上げて、自動運転車の開発を推進している。

自動車メーカーの代表格であるトヨタは、前記の取り組みに加えて、2015年にベンチャー企業を立ち上げ、社長としてMITの教授のギル・プラット（Gill A. Pratt）を引き抜き、今後の自動運転車をにらんで車両・通信制御のための人工知能の開発を始めている。

自動車メーカーはいざとなれば運転可能な人が載っていてオーバーライドできる自動運転を目指している。だが、グーグルが目指すのは無人運転の方で、両者の思惑は現在のところ一致していない。

以上のように、私たちの生活に多大な影響を与える自動運転車の開発は、「自動車 × IT企業」の協業抜きには成り立たない状況になっている。

この状況は、製造業の代表ともいえる自動車業界でさえ、IoTを主導しているのが自動車メーカーではなくIT企業ではないかと錯覚するほどだ。その理由のひとつは水平横断戦略で真に戦ってきたのがIT業界であったこと。そしてもう一つは、今やIT業界はモノを売る事で利益を得るのではなく、サービスで利益を生むIoT時代の先陣を切っているからだ。

つまり、モノではなくモノゴトで稼ぐ時には、インターネット的な考え方やロジックの立て方が必要になる。そうした考えのもとで、ハードウェアのビジネスが従来のモノを売るだけで終わるのではなく、それを起点としたサービスに変わっていく。

モノがインターネットにつながり「モノゴトで稼ぐ」ようになってくると、製造メーカーとIT産業（インターネット企業）との境目が、徐々に薄れていくだろう。

4. 事例4　ドローン（Drone；遠隔操作の飛行端末）

　元は軍事目的で開発されたドローンは、産業用への展開が活発化している。ドローンは映像などで飛行物体の印象が強烈だが、ドローンシステムは、ドローン飛行体とドローンの操縦装置（コントローラー）と飛行体が取得した位置情報・飛行ログ・センサーデータ、映像ストリームなどのデータを保存するクラウド、そのデータを解析するアプリケーションシステム、さらに飛行を管理する自動航空交通管制システムなどからなっている。

　ドローン飛行体は低空飛行や定点ホバリングが可能な「マルチコプター型ドローン」と、エネルギー効率が良いために広範囲の調査が可能な「固定翼型ドローン」に大別できる。

　このような特徴を備えたドローンは、主にホビー向けに市販されている撮影用や、農業での散布用や、社会インフラなどの定期点検用や、軽い荷物の配達用や、防犯など、実にさまざまな応用がすでに実施されている。

　つい最近（2016年7月22日）フェイスブックの巨大ドローンのニュースが世界を駆け巡った。わし座を意味する「Aquila（アキラ）」と名付けられたドローンは、ボーイングの旅客機「737」と同じ長さの翼を持つ巨大さだ。重量を500kg以下に抑え、翼にソーラーパネルを備え、1回の飛行で最大3カ月飛び続けることができる。最終的には高高度飛行（高度約1万8000〜2万7000m）を目指すという。

　また中国も韓国も、国を挙げてドローンの開発に取り組んでいて、動きが活発である。

　ドローンを用いた事業としては、定期点検や防犯用ではすでに事業化が始まっているし、活用方法も多岐に渡っている。たとえば、インフラ設備の定期点検・監視にはGEやアクセンチュアやインテルが実証実験や事業計画を検討している。また、建設現場の監視にはシーメンスやキャタピ

ラーが実証実験している。そしてIBMがドローン用のアプリケーション開発サービスを始めている。

　以下にドローン事業の事例を俯瞰する。

配達
　配達用途のドローン開発には、ドローン自体の開発だけではなく、高度なドローン搭載用人工知能の開発と、広域上空飛行に対する政府からの許諾などが必要であり、参入障壁はまだ高い。

　だが、配達用ドローンの先行事例としては、アマゾンのサービス「Amazon Prime Air」が有名だ。注文から30分以内にドローンで配達するサービスで、2013年に開発を開始し、現在は米連航空局（FAA）の許可を得てテスト段階にある。これはアメリカだけでなく、イギリス、イスラエルでもテスト中だが、いずれもまだ実用化には数年かかると言われている。しかし、アマゾンは着々と配達用ドローンの開発・施行を行っている。

　アマゾン以外に配達用ドローンの開発をしている企業として、グーグルや中国のインターネット通販会社アリババ（Alibaba）がある。このように配達用ドローンは、各国、各社入り乱れての開発競争の真っただ中である。

　各国はそれぞれの固有の事情を考慮した独自の運行規制を制定している。各国の商業用ドローンに対する規制はまだ限定的だが、アメリカを筆頭に整備が進みつつある。

　アメリカやタイなどは、規制と同時にドローンの所有者に登録を義務づけている。また、アメリカでは、アメリカ航空宇宙局（NASA）が無人航空機の航空管制システム「UTM（USA Traffic Management）」を開発中である。このようにドローンによる配送等のサービスが急拡大する環境が着々と整備されてきている。

　対して、日本では、2015年12月にドローンの飛行を規制する改正航空法が施行された。これはドローンの飛行空域を明示したレベルにとどまっ

ている（**図表8-8**参照）。今後はルールの周知や免許制、機体の登録制の導入が課題である。

調査

　調査用途のドローンは、限定された空間で人間が操作するのが基本であるため、規制や技術に関する参入障壁が低く、多くのメーカーがすでに参入している。

　インテルは、「インテル® RealSenseカメラ」搭載のドローンによって、船舶の損傷を遠隔から点検することに成功している。このインテル製カメラは、非接触遠隔点検が可能な3種類の異なるレンズを用いて、3Dスキャニングとリアルタイム測定、3D環境センシング、ジェスチャー・表情・スピーチ認識などが可能である。今後は用途を広げて、3D測量、危険物探索、トレーニング中の表情・感情の監視、ギャングの識別など、さまざまなシーンでの活用を計画している。

　国内における「調査」用途のドローンサービスは、NEC・富士通・日立が2015年から開始している。調査対象は、橋梁、災害現場、大型施設など、人間や有人ヘリコプタでは困難な場所などだ。

　今後の事業領域は、ドローンで撮影した映像・画像の遠隔地へのリアルタイム配信や画像計測、メガソーラーや橋梁、トンネル等の大型設備の点検・保守や警備・監視など社会インフラ領域を計画している。

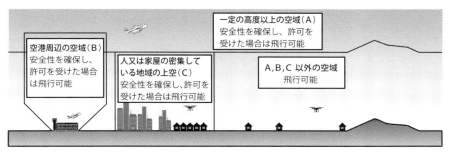

図表8-8　改正法によるドローンの飛行禁止空域
出所：国土交通省「航空法の一部を改正する法律案の概要」をもとに筆者が一部編集した

NECは、ドローンの頭脳にあたる自律飛行制御ソフトウェア（オートパイロット）を独自開発している国内唯一のメーカー「自律制御システム研究所」と業務提携している。現在、世界中の自律飛行型ドローンのほとんどがGPSに頼って飛行しているが、自律制御システム研究所は非GPS環境でドローンが正確に自律飛行する技術を研究開発し、さまざまなフィールドで自律飛行を行うことに成功している。GPSの電波が正確に受信できない場所でのドローンの自律飛行の需要は多いことから期待できる。

　NECは、「産業用ドローンの導入から運用までのトータルサービス」を2016年2月に始めた。NECの強みである映像・画像のリアルタイム認識による社会インフラの測量・点検が対象となっている。

　富士通が使用しているドローンは名古屋大学と共同で開発したもので、収集した画像データから3Dモデルを作成することで、橋梁の点検などに適用するものだ。

防犯（セコム）

　防犯用途のドローンサービスとして、セコムもドローン市場に参入している。2015年12月、セコムはドローンが警備するサービスを開始した。ドローンがパトロールを行い、不審者を画像認識し、自動追尾を行いつつ、リアルタイムに動画をセコム・コントロールセンターへ送信する。これは世界初のサービスである。

　また2016年1月、セコムはドローンの進入を検知するサービスも開始している。

　以上のようにドローンの事業化は2015年に始まったばかりであり、今後は多様な用途に対して、いろいろなドローンを開発して、さまざまな分野の企業がこの市場に参入してくるだろう。

5. 結論1　生産現場は現実世界から仮想空間へシフトする

　生産自動化（Factory Automation）は従来から存在していたが、これまでは製品の一部や工程の一部にその利用がとどまっていた。だが近年、デジタル上に製品そのものや生産ラインをそっくり再現し、それを自動生産にまでつなげる技術がクローズアップされている。

　つまり、工場や製品などに関わる物理世界のでき事を、そっくりそのままデジタル上にリアルタイムに再現する方式である。そして最終的には、工場の枠を超え、企業の枠を超えて、製品となる原料や部品と、製造する機器や機械が工場の内外を超え、インターネット上でつながり、その時の状況に応じて必要なリソースを必要な時に割り当て、最も効率よく生産性の高い方法で製造されるようになる。

　これが、IoT化された工場「Digital Twin」が描く世界である。そこでは、「**リアルとバーチャルの融合**」と「**設計とプロセスの融合**」が実現のカギを握る。

　リアルとバーチャルの融合とは、実際の生産機械とデジタルデザイン（シミュレーション）とを有機的に組み合わせて、製品のデザイン段階から、計画、エンジニアリング、実行、サービスに至る全過程において、リアルとバーチャルを融合させるものである。これにより10％の生産性向上と80％の時間短縮が可能になるという。

　設計とプロセスの融合とは、従来は2段階で実施されていた「製品開発」と「商品化（量産）」を、一気通貫で行うことにより、市場投入までの時間（Time-to-market）を短縮化し、あわせて効率と柔軟性も向上するというものである。

　ここで重要なことは、「製品開発」と「商品化（量産）」の時系列が大幅に変わることだ。従来の「製品開発」では、机上の設計と物理的な試作を何度も繰り返すことにより時間をかけて製品を完成せている。その後ようやく商品化（量産）してリアルタイムに市場投入が可能になる。

ところが、設計とプロセスの融合により、製品開発時にデジタル上で設計と試作を非常に短い期間で終えてしまい、設計から商品の市場投入が非常に短い期間で可能になるのだ。

さらに、稼働状況もIoTセンサーを装着した部品や製品からのデータをリアルタイムにクラウドに収集することにより、メンテナンスもバーチャルで可能となってきた。また、設計情報を遠隔地に送って3Dプリンタで製造することが可能になってきた。これにより、バーチャルな世界での守備範囲がますます増加していくはずである。

このような工場を実現した企業と従来どおりの改善をしている企業が戦えばどうなるのかは、明らかであろう。工場をIoT化した企業の限界コストは圧縮され、乗り遅れた企業は淘汰されるだろう。

GEの提唱した「Digital Twin」の概念が、インダストリー4.0が提唱した「Cyber-Physical Systems」と同じ内容であるため、シーメンス(Siemens)やエス・エー・ピー(SAP)などのインダストリー4.0を主導する企業も「Digital Twin」という用語を用いはじめた。

今後はGEの提唱した「Digital Twin」という言葉が「**生産現場が物理空間からサイバー空間へシフトする**」代名詞として使われ始めるだろう。

6. 結論2 すべてのものが人工知能（AI）によって制御される

　生産自動化も自動運転車も、そしてドローンも行き着く先は人工知能の良し悪しが、製品の、システムの、そのサービスの優劣に直接結びつくことになる。だが、この人工知能の壁はまだまだ高い。

　壁の一つは、人工知能の不良による事故は、誰が責任を負うかという問題だ。わかりやすい例が、自動運転車だ。自動運転時の事故責任の所在がはっきりしないし、法整備が進まないので、なかなか実現が難しいという意見がある。また、自動車メーカーなどではシックスナイン、つまり99.9999％の安全が確保できなければ踏み切れないなどという話も聞く。つまり、当分無理だとの話が多い。

　しかし、自動運転車は間違いなく実現し、世界中に広まる。事故が減るという事実を、否が応でも突きつけられるからだ。最近の我が国の高齢者による痛ましい自動車事故や、持病が運転中に突然発症したことによる事故などは、自動運転車で確実に減少させることができる。事故が減少することに逆らえることなどない。

　前述の人工知能の不良による事故は、誰の責任かとの設問に答えるならば、事故時の責任の所在は、人工知能やプログラムなどではあり得ず、車の持ち主、あるいは事故時の運転責任のある者になる。車に責任がある場合は、現在と同様に、車体メーカーがまず引き取り、その中で技術的にどのパーツに責任があるかの論争になっていくはずである。

　繰り返すが、自動運転車は間違いなく実現し、世界中に広まるはずである。自動運転車の普及は、政府の計画「SIP（戦略的イノベーション創造プログラム）」によると、まずは2020年の東京オリンピック・パラリンピックまでに、自動車以外の要素（信号・人・自転車など）が存在しない高速道路などの自動車専用道路で、レベル3（準自動走行）を実現させるという。

また、信号もあり人も横断し自転車も走る一般道でも、初めは限定された区間から実証実験が開始される計画である。おそらくはそこから段階的に範囲が広がり、やがてどこでも走行できるようになるだろう。
　そして最後には、現在のスピードレースをサーキットでするように、ある限られた地域でのみ、人による運転が可能という時代になるに違いない。

　もう一つの難しい問題は、人工知能を使ったサービスに対して誰がお金を支払うかだ。簡単に言うと、受益者と費用負担者が一致しないのである。
　たとえば、IBMの人工知能ワトソン（Watson）に問いを投げかけると、ワトソンが解法を組み立てて膨大な文献から解を見つけてくる。医療現場に適用するならば、「AとBとCの症状を併発している患者の病気は何か？」という問いをワトソンに投げかけ、ワトソンが膨大な最新の医療文献から診断結果を提示するという具合だ。このように医師の支援として役立つことを、マスコミなどを通してたびたび宣伝している。これらを見ると、「なるほど良さそうだ」と思う。しかし、このケースで受益者は誰だろうか？
　医者の診断が楽になるといっても、日本の医者の診察時間がこれ以上短縮することにはならない。電子カルテと異なり医療事務が減るわけでもない。あえて言えば誤診リスクが減る患者が受益者だが、患者は自分がワトソンによって受益している実感は乏しいだろう。では費用負担者は誰だろうか？
　IBMに費用を支払うのは病院である。日本の医療制度では病院に診療報酬の決定権はない。よって、ワトソンを採用しても病院にとって売上は変わらず費用が増えるだけである。つまり日本の現状の医療制度の下では、ワトソンの受益者と費用負担者が明確に一致しないのだ。
　この考察によって、ワトソンの医療への応用がビジネスとして成立するためには、次の二つの条件のどちらかが満たされていなければならないこ

とがわかる。
　条件1　診療報酬を病院が自由に決める権限がある国に売り込む
　条件2　ワトソンがMRIなどと同等の医療装置と国が有効性を認め、MRIを利用した場合と同じように、ワトソンを利用した場合に追加の診療報酬を病院が患者に請求できるようにする（費用の受益者への転嫁）

　日本の場合、条件2を満たすようにするしかないのだが、薬剤や医療器具の有効性を厚生労働省が認めるまでの審査基準は非常に厳しく、ましてやワトソンの場合は人工知能を厚生労働省が医療器具として認め、さらに人工知能の診断精度を審査する基準を厚生労働省が作るところから始めなければならない。

　このワトソンの医療分野への適用事例は、人工知能そのものを事業化する場合、その国の制度によっては、受益者と費用負担者の不明確・不一致の構造が立ちはだかることを示唆している。

　同様に裁判での弁護士支援などもワトソンのサービスに含まれていると聞く。これも一見「なるほど」と思うが、訴訟社会のアメリカならいざ知らず、日本では無理がある。医療の場合とは異なり、受益者と費用負担者の不一致の問題ではなく、そもそも国の制度によっては受益者が存在しないという問題である。

　アメリカやイギリスの社会制度の背景には、習慣や判例による不文法主義があり訴訟が頻発する。この場合、過去の判例が勝負の基準である。勝つためには膨大な過去の判例を用いなければならないため、ワトソンによる文献解析能力は弁護士事務所にとって非常に有用だろう。

　また、アメリカのような訴訟社会であれば、多額のお金が絡む案件が多数あり、強力な弁護士事務所に高額の報酬が支払われることは珍しくない。つまり受益者＝費用負担者＝弁護士事務所という構図が成立するため、ワトソンがビジネスになる土壌がある。

しかし日本は、明治憲法を作る際にフランスやドイツが採用している成文法主義を採用した。過去の判例も大事だが、何よりも法令文を起訴事実にどのように当てはめるかという解釈が重要になる。そしてそもそもアメリカのような高額な報酬を請求できるような裁判が存在しない。だから日本の法律事務所は、安定報酬になる法人法務を好むのだ。
　つまり、日本にはワトソンの受益者がそもそも存在しない。日本に限らず、成文法の国で、ワトソンの需要はあるのだろうか。
　このワトソンの法務分野への適用事例は、人工知能そのものを事業化する場合、その国の制度によっては、受益者そのものがいない場合があることを示唆している。

　第7章の結論で、「汎用的な画像・映像認識、言語解析の技術開発をしているグーグル、IBM、マイクロソフトは、事業の中での人工知能の役割の明確化とその事業目的に特化された人工知能の開発が疎かになっているように、筆者には見受けられる」と記したが、まさに上記のワトソンの事例がこれに該当する。
　誤解を避けるために付記するが、ワトソンの技術は他社の追随を許さない素晴らしい最先端技術である。問われているのは「経営者が自社の最先端技術を用いてビジネスモデルを組み立てることができているか」という点である。

　今後は人工知能（AI）開発の良し悪しによって勝敗が決まるのは、自動車や物流業界だけではない。すべての産業での勝敗が、人工知能の良し悪しで決まってくるだろう。

コラム　モノづくりの限界コストがゼロに近づく時代

　「モノづくりの限界コストがゼロに近づく」というと、突拍子もない話に聞こえる。だが、たとえば、電子書籍はすでに出版費用がほぼゼロになっている。また、インターネットで多くの情報が、ほぼ無料で世界中の何十億という人の手に渡るようになった。だから現在、出版、通信、娯楽の各業界は大変動の真っただ中にある。

　また、無料に近い大規模公開オンライン講座MOOC（ムーク）では、世界でも有数の教授たちの授業を受けた600万もの学生たちが大学の単位を取得している。ミュージシャンはマーケティング上の工夫として、自らの音楽を何百万もの人に無料でオンライン提供し、熱心なファンを獲得して有料のライブコンサートに来てもらおうとしている。

　IT業界では、アマゾンがクラウドストレージサービス「Amazon Cloud Drive」の新たなストレージプラン「Unlimited Everything Plan」を2015年に発表した。年会費が約60ドルで容量無制限にストレージが使えるというもので、これはユーザーからみてデータ保存の限界コストが実質的にゼロになったことを意味する。

　このことが製造業に波及するのは避けられない。すでに世界中で何百万という人々が、自らが使う電力をほぼゼロで生産している。そして約10万人が、趣味で3Dプリンタを用いて、ほぼ費用ゼロで独自の品物を製造している。

　DIY（Do It Yourself）文化は、今や世界中に広まっている。DIYの実践者たちは、独自のソフトウェアを創作してモノをプリントし、シェアすることに熱を上げている。

　3Dプリンティングによって、時代は大量生産から大衆による生産へと移ろうとしている。極め付きは、建物から車までを3Dプリンタで作ってしまおうとしていることだ。

そんな中、3Dプリントした自動車第1号の「アービー」（Urbee）は、すでに実地試験に入っている。わずか10個のピースで作られている2人乗りのハイブリッド車アービーは、車庫での太陽光と風力で発電した電力で走る仕様だ。アービーという名はurban electric（都市の電気）を縮めたもので、その思想が凝縮されている。

　アービーの大半の部品（シャーシとエンジン以外）は、3Dプリントしたプラスチックでできている。自動車の残りの部分は、個々の部品を組み立てるのではなく、連続した流れの中で、層を一つひとつ積み重ねて生産されるので、費やされる材料も時間も労力も少なくて済む。

　このように3Dプリンティングの自動車は、地元で手に入る原料から造れるので、材料を工場へ輸送したり、現場で保管したりするコストを排除できる。さらに、工場に機械を備えつけるための巨額の投資も、生産モデル変更のための長い時間も必要としない。

　オープンソースのソフトウェアに手を加えるだけで、単一のユーザーあるいは数人のユーザーのために、カスタマイズされた仕様でプリント（生産）できるのだ。

　だが、3Dプリンタで自給自足を実現するには、造形材料を作るのに用いられる供給原料が豊富にあって、地元で簡単に入手できなくてはならない。

　しかし、多くの若い発明家が、社会的な動機から3Dプリンティングの青写真をまとめ始めている。

　このように時代は、着実に「モノづくりの限界コストがゼロになる時代」に近づいている。これは私たちの文化を、意識を大きく変えていくだろう。そんな未来が楽しみである。

第5部

IoTの中で日本・日本企業が生き残るための提言

　ここまでの各章で、IoTを牽引しているアメリカやドイツの企業の戦略を、市場構造と技術構造でパターン化して分析してきた。その検討結果から、遅れて自社の事業のIoT化に取り組み始めた日本の企業が何をすべきか、そして日本国としてはどう対応すべきなのかについて、私案を提言する。

第9章 企業は既存事業をIoT化するために何をすべきか

　本書冒頭の第1部で、まずIoTの戦略は3つの戦略パターンに分類できることを示した。続く各章で、アメリカやドイツのIoTを牽引している企業が自社のマーケットをどこに定め、いかなる戦略のもとに事業をグローバルに展開しているのかについて、技術階層で区分した3つの戦略パターンごとに見てきた。本章では、少し遅れてこのIoT事業に取り組み始めた日本企業が、自社事業のIoT化にあたり何をなすべきかについて、これまでの検討結果を踏まえて提言する。

1. 自社の事業ポジションはどこか

　これまでの各章で、図表2-1の技術8階層をもとにアメリカやドイツのIoTを牽引している企業の戦略を見てきた。自社の今後の事業を検討する際には、自社の事業がどのポジションにあるのかの認識から始めなければならない。

　これまでプラットフォームとアナリティクスソフトウェアとは、クラウドやコネクティビティと同様にグローバルで共通のものに集約される水平横断戦略に従うと述べてきた。この戦略は図表1-9に示した世界的な大企業には当てはまるが、現実はこれらはもっと複雑な分担になっていて、日本の一般的な企業には当てはまらない。

　たとえば、IoTのプラットフォームはモノ（部品や製品）から発信されるビッグデータの内容と事業用途に依存するため、産業ごとにIoTプラットフォームの淘汰と標準化が進むだろう。アナリティクスソフトウェアは今後のIoT時代には競争力の源になるし、前述したように人工知能は専門

化していかざるを得ないので、さまざまな分野に細分化したソフトウェア製品の競争が行われ、各企業単位にカスタマイズして導入されることになるだろう。

図表9-1中の英記号は、それぞれの企業名を表したものである。ここで、最下層の英記号は企業の商品であるモノを表している。たとえば、a1ならば企業aの1番の商品（モノ）を、a2ならば企業aの2番の商品（モノ）を意味する。

同様に、コネクティビティから最上層の運用サービスまでの企業N1やD1、企業aなどは、各技術階層をサポートしている企業名を意味している。ちなみに、企業N1はシスコを、企業aはGEなどをイメージしている。

たとえば、企業aは商品a1とa2とを企業aのプラットフォームとアナリティクス上で、企業aが顧客向けのアプリケーションを開発し、その導入や運用サービスまでをも行う垂直統合サービスをしていることを表している。企業bは商品b1とb2とを企業aのプラットフォームとアナリティクス上で、企業bが顧客向けのアプリケーションを開発し、その導入や運用サービスまでをも行う垂直統合サービスをしていることを表している。

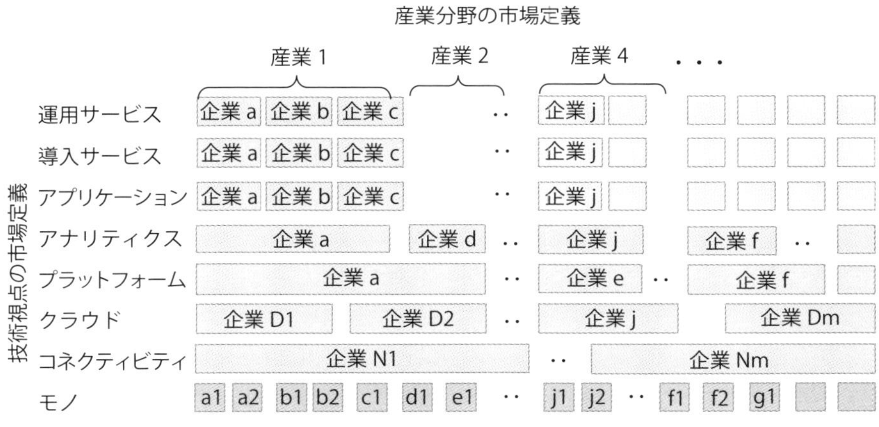

図 9-1　技術視点と産業分野の市場定義

企業cも同様である。この場合、企業bや企業cは企業aのプラットフォームや他社のアナリティクスを使用している企業をイメージしている。

同じく、企業jはIoTプラットフォームを持たないが、人工知能をベースとして垂直統合サービスを提供しているIBMなどをイメージしている。

読者が自社の事業のIoT化を進めるにあたり、「ただ単に既存の部品や製品にセンサーをつければ良い」と考えているならば、いずれ痛い目にあうだろう。図表9-1の縦軸と横軸の両方を考慮して事業計画を練る必要がある。

具体的には、図表9-1を参考にして提携すべき相手は誰なのか（縦軸の全階層を一気通貫して用意する）、誰が真の競争相手なのかを改めてリサーチし直して、自社の強みと弱みを再確認して差別化を図る（横軸の比較）ことが重要になる。

2. 提言1 自社製品の「最適化とは何か」の定義から出発せよ

　自社事業のIoT化にあたって、まず自社の事業が図表9-1に示した技術階層のどこに位置するのか、そして自社製品の「最適化とは何か」を定義することから始めるべきである。

　これまでエンジニアは、自分の設計したものが、納めた顧客先で想定どおりに稼働していることをリアルタイムに知る術がなかった。知るには膨大な時間とコストがかかるので、現実的にはあきらめていた。それが、自身の設計した部品や装置や製品につけたセンサーによって、稼働状況がリアルタイムで見えるようになったのだ。

　しかも、前述したように生産現場もサイバー空間で、将来を予見することが可能になってきた。これは設計における革命とも言えるもので、設計者がよりユーザーの利用状況に、生産現場の状況により近づけるようになった。現在は、このようなすばらしい時代になっているのだ。

　たとえばGEは、医療機器においても前述した航空機エンジンと同様のアプローチをとっている。GEは自社の医療機器（医療機器産業で世界第2位）にセンサーを装着して、納入した医療機関の資産の可用性とアクセス、メンテナンスコスト、および処理遅延時間のミニマム化を、自社の評価指標（KPI）として掲げている。つまり、GEが納品した医療機器の状態を日々診断し、起こり得る障害を効果的に予測することにより、医療機器のダウンタイムを最小限に抑えつつ、モバイル化が進む医療機器の場所の透明性を確保しようとしている。これがGEの医療機器の「最適化」である。

　自社事業のIoT化を進めるにあたって大事なことは、その結果として「社会の目で見た最適化」を達成しようとしているか、がポイントとなる。

　今やIoTによりこれまでできなかったことができるようになった。それにいち早く取り組んでいるGEの事例からもわかるように、自社の製品が使われている最終局面で、自社製品を「誰のために最適にするか」をまず

定義しなくてはならない。

　これはGEのような巨大な製造業ばかりではない。身近な健康食品会社を例にとると、これまでは売り上げの増大につながる指標を自社の評価指標（KPI）としてきた。それは、会員登録した人数だったり、新製品のサプリメントの売り上げ動向であった。しかし、エンドユーザーの立場でみれば、健康食品会社の健康食品を購入して実際に健康になった人は何人で、その人数が増え続けているのか、その結果として健康食品会社の製品を継続して購入しているのかなどが、本来の評価指標（KPI）になってくる。

　その心は、自社の直接の顧客の利便性の追求だけではなく、直接の顧客を通して社会の利便性を最大化していくことにある。各社は、このような視点や評価指標の確立から始めるのがよい。

3. 提言2　自社がどの戦略で攻めるのか明確化せよ

　自社がどのような戦略を採用すべきなのかは、やはり自社の事業が図表9-1に示した技術階層のどのポジションか、つまり自社の立ち位置を明確化するところから始めるのがよい。すると、競合相手が従来とは違って見えてくるはずである。

　以下に製造業、サービス業、IT系企業、さらに水平横断戦略をとる企業は、それぞれどう取り組めばよいのかについて提言する。

製造業

　昨今の製造業は、一昔前のIT業界と同様にマーケットがグローバルになってきている。そこでは世界に通用する部品や製品、さらにはサービスの開発競争になってきている。

　各企業が意識して取り組まねばならないのは、自らは事業をグローバルに展開しない企業であっても、市場がグローバルになっているので、少なくとも自社が展開するIoTサービスを実現するうえで必ず必要になる【コア技術】を自社で持たねばならないことだ。持たなければ、自社の市場をグローバル企業に席巻されてしまい、成長し続けることも、大きく稼ぐことも期待できなくなる。

　別の言い方をすると、図表9-1の縦軸を一気通貫で揃える際に、自社も競合他社も必ず共同して利用する協調領域と、自社製品と他社製品とが競合する競争領域（図表9-1で自社が占めるポジションの横軸）とに分けて考え、協調領域はオープンソースの思想でできるだけ仲間を取り込み、競争領域では絶対に覇権を握ることである。

　そのためには【コア技術】をブラックボックスにするという経営戦略を立てて取り組むことである。【コア技術】をブラックボックスにするには、それをできるだけソフトウェア化するのがよい。そして、自社のハードウェアやソフトウェアをモジュール化して、それをディファクトスタン

ダードの地位に持ち上げる努力をするのだ。

　これらのことを、市場に対して積極的に働きかけねばならない。これ無くして、成長し続けることも、大きく稼ぐことも難しいだろう。反面これに成功すると、事業のグローバル展開が自ずとできてくる。

　このとき重要になってくるのが標準化問題だ。IoT時代になり、この標準化はますます重要になってくる。たとえば、外出先から帰りがけにスマートフォンで自宅のエアコンをつけるとか、風呂を沸かすとか、指定のレシピに基づいて料理するのに不足している材料は何かを冷蔵庫が応えてくる状況などを考えると、それらの機器類をすべて特定の1社で網羅することなどできない。そのため上記のことを実現するに、インターフェースの標準化が必要になる。これは図表9-1の縦軸の「コネクティビティ階層」を協調領域としてオープン化することを意味する。

　しかし、これまでメーカー各社の利害が衝突してなかなか実現できていない。図表9-1の「モノ階層」の横軸での競争関係が、縦軸の一気通貫を阻害しているのだ。こまま手をこまねいていれば、日本のメーカーがもたもたしている間に、海外勢にまたしても標準化を抑えられてしまう。

　この活動は、IT業界や製造業だけでなく、通信業、流通小売業、教育分野、医療・ヘルスケア分野などで、それぞれが決めていかねばならない。そのためには、これらの業種ごとのIoTの利活用シナリオを作らねばならない。これは待っていれば誰かが自社に有利になるように決めてくれる類のものでは決してない。

　中小企業も、「私たちはこういうことができます。こんな部品、素材を提供できます」と世界に向けて発信しなくては生き残れなくなる。逆に考えれば、中小企業にとっては「製造外注」から「設計外注」に脱皮し、世界に打って出る好機が到来しているのだ。

　立ち止まって悲観しているばかりでは、展望は開けない。世界の大きな潮流を見誤ることなく、各企業は自らの事業に独自の戦略を立てなくてはならない。江戸末期から明治維新を戦い抜いた私たちの先人の心意気を思い返し、果敢に取り組む以外に道はない。

困ったときに参考になるのが、時代のキーワードである。IoTのキーワードは「つなぐ」、「つながる」ということに尽きる。その意味するものは「**企業と顧客との距離が近くなる**」ということだ。

　これまでの製造業は「作って売ったら終わり」という発想が多かった。だが、これからは「売ったモノ（部品・製品）の状態を日々センシングするのが当り前」になってくる。

　メーカーはメンテナンス業務のトリガーが社外にある場合は、それを定期的にモニタリングする仕組みを昔から築いている。顧客や取引先から何らかの手段で連絡をもらったり、自社の営業担当者が定期的に訪問したりなどして、モニタリングしている。

　しかし、モノが自身の状況を発信し、この情報をコンピューターで管理できるようになると、仕事のトリガーが発生したことをリアルタイムで把握できるようになるので、人手によるモニタリングの体制は不要になる。

　センシングしたデータを日々解析することにより、「調子が悪くなってきているようだから、修理や更新をお薦めしよう」とか、「使っていただいている製品や稼働中の顧客システムに不満があるようだから、新しい製品や最新の産業用IoTシステムを提案しよう」といった、「自社製品の利用者がどうすれば自社製品を使い続けていただけるか」ということを意識した製品づくりや保守サービスが当たり前になってくる。

　つまり、自社製品を「作って終わり」ではなく、センシング技術を駆使してクラウド上に情報をアップロードし、そのビッグデータを解析することで「保守・改善する」ことまで一括して提供するのだ。つまり、「IoTによってモノを利活用するサービス」という継続型ビジネスモデルについて考えることが重要になってくる。

　今後はモノを売った後にセンシングした情報を解析し、大きな問題が起こる前に補修し、常に最高の状態をキープし続けるということが、品質の一番重要な項目になってくる。これが、「IoTによる製造業のサービス化」である。

この新しいビジネスモデルへの移行は、「B to B」のサービスでは急を要する。なぜなら「B to B」では、いったん顧客との関係を築くと継続する傾向にあるからだ。

　特に「保守・運用」まで含めた「サービス」を一旦任せると、顧客は容易に他社への乗り換えができなくなる。「IoTによる製造業のサービス化」はB to B市場に「顧客とメーカーの関係の固定化」をもたらすと予想される。だから、このサービスを他社よりも早く構築し、サービスを継続して提供することが差別化のポイントになる。

　すでに複写機メーカーや建機メーカーの一部は、自社製品にセンサーを組み込み、インターネットを介して顧客先で稼働中の自社製品の稼働状況をリアルタイムでモニタリングしている。これによって顧客からの連絡を待たなくても、機器の不調を検知し、不良な部品を交換する、あるいは故障が発生した場合でも即座に修理に出向くことで、顧客先での自社製品の稼働率を高めようとしている。

　自社で上記のことをやろうとすると、どうしてもIoTプラットフォームが必要になる。これを自前で構築するのは難しいし、時間がかかってしまう。だから既存のプラットフォームの中から自社に合うものを選択し、自社製品のIoTサービスを短期間で実現しなくてはならない。その際には事業展開のスピード、つまり経営のスピードを何より優先しなくてはならない。そのためには日頃から、相談すべきIT企業のパートナーを見つけておくのも一つの手である。

サービス業

　従来は、メーカーがモノを作り、サービス業がそれを顧客に提供してきた。これまでは、このようにメーカーとサービス業は分業し、棲み分けてきた。

　しかし、これまで見てきたようにIoT化が進むに従い製造業が次々とサービス業化していくことになる。これは、従来のサービス業にとっては競合が増えることを意味する。

たとえば無人運転車が実用化された社会を想像してみよう。自動車メーカーが自動運転車をサービスとして提供するとどうなるか。人が車を所有せずに必要な時に自動車を呼び寄せて行先を指定し、移動した分だけメーカーに支払えばいい。このような時代に、従来のタクシー業界、レンタカー業界、ファイナンスリース業界は生き残っていけるだろうか？

　これは大げさな話ではない。すでにGEは航空機の根幹である航空機エンジンを売るのではなく、サービスとして利用してもらう形態に移行し始めている。航空会社は摩耗の激しい、高価な航空機エンジンを所有する必要はない。メンテナンスのコストとリスクはGEが引き受けるのだ。

　これがそのうちエンジンから航空機全体になり、運行システム全体に広がるはずだ。GEは2012年にすでにそのようなビジョンを宣言している。

　このように、IoTによって製造業が次々とサービス業として競合化していく中で、従来のサービス業者がこれまでと同じ経営を続けていれば、市場は拡大しているにもかかわらず、自社はじり貧の道を歩むことになる。

　サービス業者はメーカーよりも顧客のことを知っているという、現在の優位性を活用し、サービスのプロにしかできない差別化を打ち出していく必要性に迫られる。

　もう一つの大きな変化は、IoTによって第四次産業が次々と登場してくるという変化だ。モノは「所有する」ものから、「利用する」ものへと、私たちの生活が急速に変化している。つまり、すべてのものがサービス業化に向かっているのだ。

　これは先行しているIT業界を見ればよくわかる。一昔前までは、多くの企業は大型コンピューターを自前のセンターに設置し、そこにすべてのソフトウェアを購入するなり、自前で構築していた。それが今では、ハードウェアはクラウド上にあり、利用する情報もデータベースもクラウド上にあり、多くのアプリケーションもサービスもクラウド上にある。これへの変化は、企業でも個人でも急速に進んでいる。

　この変化の最たるものが、モノを持たない巨大企業の出現だ。たとえ

ば、2009年8月に創業し、創業5年で時価総額約2兆円になったベンチャー企業のUBER（ウーバー）だ。サンフランシスコ発のこの新ビジネスUBERは、開業わずか6年で世界67ヵ国に展開し、月に4回以上営業するドライバーは110万人以上、運んだ客は月に1億人を超すという。現在、世界の交通ビジネスのなかに、大きな波紋を広げている。

　この事業の発想については、とても単純明快だ。「サンフランシスコで日頃、タクシーがまったくつかまらなかったからだ」とカラニックCEOが発言している。

　他にも有力な例として挙げられるのは、個人の家やアパートの貸し出しを仲介することで急成長中のベンチャー企業のAirbnb（エアビーアンドビー）だ。日本では「民泊」として知られているこの企業も2008年にサンフランシスコで創業した。

　ホストとゲストの両方から手数料収入を得る（ホストから宿泊費の3％、ゲストからは6〜12％）のがAirbnbのビジネスモデルだ。2015年末時点でサービスを展開している国は190ヵ国（3万5000の都市）を超え、登録部屋数は200万室になっている。いまやAirbnbは一棟の建物も所有せずに、世界最大の宿泊プロバイダとなっている。

　今後は上記のUBERやAirbnbだけでなく、たとえばペンや時計、あるいは衣服や眼鏡などの見慣れた日用品が極小のコンピュータ・プロセッサーを内蔵し、これらがインターネットとつながることにより、互いに連係して私たちに奉仕する産業が続々と興ってくるだろう。

　当然この変化は、電力やガス・水道や農業などのインフラから、ヘルスケアやペットに至るまでのあらゆる分野で興ってくる。いつの世でも時代の先を見通した者が勝つが、第4次産業革命の真っただ中の現在は、その傾向が顕著にあらわる時代なのだ。

IT系企業

　IoT競争の勝敗のカギは『ソフトウェア開発と標準化への取り組み』にかかっているので、IT市場は今後も拡大を続けるだろう。そのときに重

要になるのが、自社の現在の立ち位置と、これから一層拡大するだろう市場の動向である。だが、現在のままの経営を続けているだけでは、利幅の少ない企業になってしまうだろう。

これまで述べてきたように、IoTの8つの技術階層をすべて自前で揃えることは非現実的であり、すべての企業にとって「どの技術階層で勝者になるか」は重要な経営問題である。これを読み違えると、同業他社に大きく引き離されてしまい、憂き目を見ることになる。このため企業は、どのIT企業をパートナーにすべきか検討するようになる。

現在のIT企業の経営者には、決断しなければならないことが山積している。それらを列挙すると以下のようになる。

① まず、IoTの8つの技術階層のどの階層で勝負するのか。つまり、自社のコア技術で生き残れる階層はどこか。

② その技術階層の競合は誰で、競合に勝つためにはどのような差別化を成し遂げるべきか。そして、そのためにはどれだけ投資するべきなのか。

③ 他社と技術・事業提携する、あるいはM&Aをして補うべき技術階層はどこか。その際に重要になるのが、今後伸びる産業は何か、伸びる企業はどこかを見極めることだ。自社の有能な人材こそが一番の財産になるIoT時代には、希少な人材を成長する提携相手の担当にしなくては、自身の会社が成長できなくなるし、そもそも提携が実現しなくなる。

④ 前述（第4章）したとおり、IoTの「導入サービス」は顧客企業の中に潜在的に眠っている業務とITの両面の問題を掘り起こし、一つひとつ解決していく泥臭い作業を伴う。このような「導入サービス」を業務知識に乏しいIT企業が単独で実行するのは困難である。シーメンスがSAPと協業してサービス開発して「IoTサービスプロバイダー」になりつつあるように、日本のIT企業も製造業と協業してIoTの導入・運用サービスを展開するのが現実的だろう。よって重要な決断すべき事項は、協業すべき製造業は誰か、である。

IT企業の経営者は以上のことを、本書で提示したIoTの技術階層とマーケット分野の地図を活用して明確にする必要がある。でなければ、経営者の無策によって迷走した挙句に、現場の技術者は激しい市場の変化に追随するのに疲弊し、結局は敗者として撤退することになる。

　それはITバブル以降、この業界のさまざまな製品分野で幾度となく見てきた光景である。IoT時代ほど、IT企業にとって経営者の質が問われる時代はないだろう。

　現在、期待が持てる一つが、人工知能（AI）の領域である。IBMのワトソンやグーグルのアルファ碁（AlphaGo）が脚光を浴びている。だが、ディープラーニングをベースにしている人工知能は、汎用の人工知能ではない。それは、個々の専門領域ごとの専用の人工知能なので、事業目的ごとに開発しなくてはならい。

　つまり人工知能の本命は、個々のサービスや商品に組み込まれる特定用途向けである。当然、工場の中でもプロセスごとに専用の人工知能が使用されるようになる。これは日本人の得意とする領域だ。この領域の利益の多くを海外勢にとられてはならない。IT企業はもっと人工知能の応用に、積極的に取り込むべきである。

水平横断戦略をとる企業

　現在、水平横断戦略で成功しているのは、すべて創業して間もないアメリカの企業だ。しかも、そろって創業時に思いついた事業をとことん追求して、事業を短期間に巨大化させている。そこではスピードが何よりも優先される。

　だから、事業のコア技術以外のところは、すべて他社の製品やサービスを使っている。したがって、自ずとオープンになり、標準化が進むという好循環になっている。

　ところが、日本人には標準化というのが肌に馴染んでいない。日本の企業は長い歴史を持ち、しかも複合事業を展開している。事業を他分野にわたって行っていなくては、企業は長寿命にはなれないからだ。だから、あ

る程度大きくなった企業が生き残りを図るためには、その体力を利用してその時期に成功している事業に乗り出すことになる。

　このような国民性のため、どうしても国内に同業者ができてしまう。家電メーカー然り、自動車メーカー然り、その他どんな産業でも、日本国内でこれら同業者が切磋琢磨することになる。したがって、他社製品との差別化を優先して、業界で標準化しようという発想がなくなるのだ。

　日本国内で競っている限りはこれでもうまくいく。だが、市場がグローバル化してしまった現在、ここに安住している限り、水平横断戦略をとる企業に明日はなく、アメリカ企業にやられてしまう。

　水平横断戦略をとる企業は、好むと好まざるとに係わらずマーケットはすでにグローバルになっている。だから、何らかのディファクトスタンダード製品を持たない限り、ディファクトスタンダード製品を持っている企業の下位に甘んじることになる。

　それは、20世紀末から21世紀初めにかけて日本のIT企業が使ってきた標語【利活用】の世界に留まることを意味する。この【利活用】の世界に留まる限り、現状の日本のIT企業のように大きく成長することなく、ディファクトスタンダード製品を持った企業の半分以下の利益率に押し込められてしまうことを意味する。

4. 提言3　経営の仕組みを世界のスピードに合わせよ
── 経営者はスペックに関与せよ

　IoT時代となり、すべての業界が現在のIT産業のようにグローバル化の波に飲み込まれようとしている。第四次産業革命の時代に入ったとまで言われているこの激動の時期に対応するためには、意思決定の仕組みから変えていかねばならない。

　時代はスピードを求めている。ちょっと振り返ってみても、私たちの生活を一変させたiPhoneが登場したのが2007年、フェイスブック（Facebook）が商業サービスを開始したのは2006年、ツイッター（Twitter）のサービスが始まったのも民泊のAirbnb（エアビーアンドビー）が起業したのも2007年である。

　10年前にはこれらの製品やサービスはなかった。そしてiPadが登場したのが2010年、3Dプリンタの普及が始まったのはつい最近だ。

　このような凄まじい変化が次々と起こっているのが今の時代なのだ。変化への対応力で一番重要なのはスピードである。地球上の過去5回の大量絶滅を生き延びた種は、小型で環境変化への対応スピードに優れた種だった。6550万年前の5回目の大量絶滅で恐竜は滅んだ。そして地球は、より小型だった哺乳類の世界に変わった。

　生物の模倣ではないが会社経営においても、激動の時代に一番大切なのはスピードである。たとえば、経営トップによるスペックへの介入の仕方もそのひとつだ。従来のように担当部署に任せる方式をとると、日本の社会では合意形成に時間がかかり、第4次産業革命といわれる昨今の激しい変化にはついていけずに、戦いに負けてしまう。日本企業の一番の問題は、こういう意味でのスピード問題である。

　これは、製品スペックやサービス商品のスペックのことだけを言っているのではない。少し複雑なシステムを構築する際には、プロジェクトの開

始時点から目的のシステムの完成までには、工程のルートや個々のコンポーネントごとに、選択肢のどれを選ぶか、どの視点から比較検討すべきか、それらのリスクはどの程度か、解決すべき問題点のどれを優先して対処するかなど、実にさまざまな項目の調査・分析・比較の作業と、それらのレポートが必要になる。

　これらの組合せ数は、愚直にやろうとすると直ぐに、数万、数十万のオーダーになる。だから企画書の提案だけで実に膨大な工数と日程がかかってしまう。その際に、責任を取るべき経営者が、プロジェクトの計画段階の初期にこれらの検討項目を絞ることが、開発期間の短縮には極めて重要である。

　筆者の経験でも、数万もの比較検討項目が必要なプロジェクトや案件で、毎週30分から1時間ほど関与するだけで、1カ月もせずに計画書をまとめ上げてもらったことは度々あった。

　だから、課長や部長たちが作成してきた計画書を待って判断するのではなく、計画書作成の検討時に経営者自らが関与して決定を下し、最終的な市場の評価の責任をとる覚悟を持つべきである。

　このような人たちが経営層に存在していないと、世界のスピードについていけない時代になっているのだ。にもかかわらず、日本では政策に通じた者よりも政治屋が活躍し、企業では技術屋よりも経理や総務などの事務屋に経営を頼り過ぎている。

　IoT時代における経営の舵取りには、事業責任者あるいは経営者が自ら企画会議に参加し、スピード感のある提案や責任を持った早期の決断を行い、世界の技術進化のスピードに乗り遅れないような製品開発ができる企業体質が必要になる。日本企業はもっと、技術者を経営者に育てるべく積極的に投資をすべきである。

5. 提言4　経営者はソフトウェア思考を持て

　IoT競争の勝敗のカギは『ソフトウェアと標準化への取り組み』にかかっている。今後は否応でも、すべての企業はソフトウェアという土俵の上で戦う時代になってくる。

　なぜなら、顧客に提供する価値が製品（図表9-1の最下層）からサービス（図表9-1の上位2階層）へ変わるからだ。そして顧客に提供するサービスの内容・品質は、製品毎・顧客毎に提供される「アプリケーション・ソフトウェア」によって決まるようになる。だから、繰り返すが、これまでモノ階層（図表9-1の最下層）で戦っていた企業も、ソフトウェアという土俵の上で戦う時代になる。ここで言う**ソフトウェアとは、図表9-1の「アプリケーション・ソフトウェア」を指す**。

　そして「どのようなアプリケーションが提供できるか」は、用いるプラットフォームによって決まる。その**アプリケーションは、プラットフォームに合わせて標準化が求められる**。

　基幹システム刷新を経験したことのある読者ならば、基幹システムに合わせるように業務を標準化することと、個別仕様化の切り分けが非常に重要になることをご存知だろう。IoTのアプリケーションとプラットフォームの関係は、業務と基幹システムの関係に似ている。だからこそ、ソフトウェアと標準化への取り組みがIoT競争の勝敗のカギになるのである。

　時代はこのように、プラットフォーム主導という世界になってくる。そうなると、プラットフォームを抑えたものの一人勝ちの世界になる。そしてこれは、現在すでに始まっている。

　プラットフォームは、前述した垂直統合戦略をとっているGEのプラットフォーム「Predix」やボッシュのプラットフォーム「Bosch IoT Suite」ばかりではない。現在、いろいろな企業が独自のプラットフォームを開発し、事業化しようとしている。

第9章 企業は既存事業をIoT化するために何をすべきか

　前述したように世界で一番大きなタクシー会社のUber（ウーバー）は、自前のタクシーを1台も保持していない。世界で一番大きな民泊会社のAitbnb（エアービーアンドビー）も、自前の不動産施設をひとつも所有していない。時代は、資産や在庫はひとつも持っていないが、それぞれの業界で必要なプラットフォームをソフトウェアとして抑えて、グローバルに事業を展開している企業が続々と現れている。

　したがって、これからの経営者はまずそのことを認識し、自社をソフトウェア企業とみなして、その場合のプラットフォームは何かを考えねばならない。そのためには、

- まず、自社には独自のノウハウがあることを知り、それらを体系化する。
- そのためには、競合他社には真似のできない、得意なことは何か。それをやるための自社独自のノウハウは何かを見つける。
- 顧客に対しての自社の提供価値は、将来も魅力的であり続けるか。顧客が現在の自社製品やサービスから価値を提供できていないのは何かを見つける。
- その提供価値において、ソフトウェアが果たしうる役割は何かを見つける。

　このような作業を通して、自社独自のノウハウを体系化し、プラットフォームを活用して、製品やサービスの規模拡大につなげることだ。これは部長レベルの仕事ではなく、経営者の仕事である。

　世界の諸民族と比較すると、自然災害こそ厳しい日本列島だが、そこに平和に暮らしていた日本人は、摩擦を少なくし、もめ事を穏便に解決する暮らしをよしとする社会を数千年の歴史で培ってきた。

　そのため必然的に、全員の合意を何よりも尊重する文化が日本では育まれてきた。このような合意社会でここまで発展してきた日本は、昔から担がれる人が偉くなる社会だった。だから政治のレベルでも行政のレベルでも、理学部や工学部での博士の学位を持った人たちが、先進国に比べて少

ないのが日本の現状なのだ。会社の経営層にも同じ傾向がうかがえる。
　ましてや、ソフトウェア思考を身に着けた経営者がたくさんいるわけがない。だからといって、日本で企業のトップをいきなり変えることは難しい。したがって次善の策は、トップに次ぐ経営者たちには技術の問題の本質が理解できて、ソフトウェアのことがわかり、スピードを持った決断のできる人たちが必要なのだ。
　時代はそれを要請している。グローバルで戦うには、これは待ったなしなのだ。

第10章　日本はどう対応すべきか

　ドイツが国家を挙げて推進する「**インダストリー4.0**」は、ドイツ国内の全製造業を対象として、あたかもドイツをひとつの製造工場のようにしようとしている。一方アメリカが推進している「**インダストリアル・インターネット・コンソーシアム（IIC）**」は、幅広い産業分野でインターネットを活用した消費者へのサービス提供を表明し、世界中の企業にこのグループに入るよう呼びかけているので華々しく、生活にも密着していると感じる。

　国家を挙げて整然と標準化に突き進むインダストリー4.0にドイツ人の国民性を感じる。また、金脈を目指してカウボーイたちが「われ先に」と競い合っているようなIICにも、アメリカ人の国民性を感じる。同様に、日本には日本人の国民性にあった施策の展開が必要である。

　日本もドイツのように、日本の国内の製造業全体を「つながる工場」にすれば、つながった企業同士でウィン・ウィンの関係が成り立ち、日本の国際競争力が高まるのであれば、日本全体を「つながる工場」にすべく努力した方がよいだろう。だが、果たしてこれが日本の国情に合っているのだろうか。

　このことを明らかにするために、まず世界の潮流と日本人の心情、メンタリティーなどからくる「求められている企業の在り方」から解きほぐして、今後のIoT時代に取り組むべきことを提言する。

1. 今後の世界の潮流 ── 少子高齢化と労働人口

　日本は少子高齢化に世界で一番初めに、しかも急激に突入する。そのために多くの悲観論があるが、この問題に対してIoTは重要な解決策になる。そこで少子高齢化社会と労働人口の減少について考察した上で、この問題にIoTがどのように貢献するかを考えてみる。

少子・高齢社会の到来
　人類が長年夢見てきた社会とは、争いのない平和な社会で、人々が疫病や天災で死ぬことなく、長命で天寿を全うする社会だった。この社会を実現しているのが、現在の日本である。

　人口5000万人以上の国で比較すると、男性の平均寿命は81歳で世界一であり、健康寿命も世界保健機関（WHO）によると75歳でこちらも世界一だ。筆者は健康寿命をもう少し平均寿命に近づけたいと願うが、客観的には人類が長年夢見てきて社会を、現在の日本は実現していると言って過言ではない。

　江戸時代の人々の寿命（出生時平均余命）と比較すると、現在の日本人の寿命は2倍以上だ。人生50年が国民的規模で達成されたのは、戦後間もない1947年だった。その年に生まれた268万人のうち、80％以上の人たちは50歳を超えている。

　生まれた子供のほとんどが還暦を迎えて高齢者の仲間入りをするようになった長寿社会の現代の日本人は、江戸時代人とはまったく異なったライフサイクルと生態をもつ、別種の生物種に生まれ変わっている。だが、伝統・文化の変化はずっと遅れて変わっていくので、私たちの伝統・文化は人生50年の部分を多分に残している。

　人々が長命になれば老人が増えるのは当たり前である。若者が多い時代に作った多くの社会制度が、老人が多くなった社会に合致しないのは当たり前だ。それは、深刻な話ではなく、時代に合わせて制度を少しずつ修正

していけばよいだけの話である。

　新しい価値観と社会システムの構築には時間がかかるだろう。しかしどの時代でも、どの国の人々も、苦心の末に文明システムの転換を実現してきたことを、日本人の一人ひとりが思い起こすべきである。

人口減少社会

　今後世界の人口は、先進国から順に人口減少社会に突入すると言われている。世界でその先頭を走っているのが日本だ。ちまたでは、人口が減少することに対しての悲観的な考えが広まり、危機感であふれている。

　その第一の理由は、国のパワーを測る尺度としてGDPを用いているからだ。GDPは大きいほど良いと考えている限り、人口減少は好ましくない。だが、その考えは本当に正しいのだろうか。

　ちょっと考えてみても、地球上にヒトだけが際限なく増えてよいはずはない。世界の人口は増えすぎていると、ローマクラブが『成長の限界』で警告したのが1972年だから、すでに40年以上が経過している。

　世界の人口が減少に転ずると、石油をはじめとする各種資源の奪い合いや、ヒートアイランド効果による温暖化騒ぎは沈静化してくる。現在、地球規模での大きな問題になっている事柄の多くは、人口減少によって解消されるのだ。

　1973年にオイルショックがあり、資源と人口に関する危機感が高まっていた。それで、1974年に日本は、はっきりと少子化を目指す政策を打ち出した。厚生省の諮問機関である人口問題審議会は、人口白書で出生抑制に努力することを主張している。

　象徴的なのは人口問題研究会が主催し、厚生省と外務省が後援した日本人口会議だ。この会議で、「子どもは2人まで」という趣旨の大会宣言を採択している。つまり、日本政府は1974年に人口抑制政策を進めたのだ。

　100年後の未来では、日本が人口減少に初めて成功した国だともてはやされていることだろう。そして世界の歴史教科書には、このことが明記されるのではないかと期待している。

また日本列島に住む人たちは、過去に何回かの人口減少社会を経験してきた。直近は元禄時代で、当時は現在と同様な人口減少社会だった。そのとき江戸社会はどうなったか。

　不景気で沈み込んだのではない。人口が減少しても生産力は落ちなかったので、逆に一人ひとりは豊かになった。その結果、江戸の元禄文化が花開いたのである。それと同じことが、まず日本に起こり、今後、世界でも起こってくるはずである。

　なぜなら文明の転換期に人口は減少すると言われている。ルネッサンスもそうだった。世界でいち早くこの転換期に入った日本は、このチャンスを活かして、より豊かな生活や、より幸福な社会を築くことができるはずだ。そして、その実績を掲げて、世界に日本文化を輸出すれば、世界中の人々とウィン・ウィンのよい関係を築けるはずだ。

労働人口の推移
　労働人口に目を向けると、IoTの普及により労働生産性が向上し、その結果として労働人口は急速に減少すると言われている。現在でも、第二次産業革命の主要製造業（自動車産業や鉄鋼業など）の工場では、現場労働者が急速に減少している。

　アメリカでは、1982年から2002年の20年間に、鉄鋼生産量は7500万トンから1億2000万トンに増加したのに対し、製鋼業に従事する労働者は28万9000人から7万4000人へと激減している。中国でさえ、工場労働者を1600万人も解雇し、より少ない労働者でより多くの製品をより安く生産できるようになっている。

　経済産業省によると、日本の新設工場当たりの従業員数は1989年の46人から2014年には14人にまで減少している。今後はロボット化した工場の出現により、工場の無人化がより進むはずだ。

　このようにテクノロジーが原因の人員削減が現在の割合で続くと、2003年には1億6300万人いた工場労働者は、2040年にはわずか数百万人にまで減り、世界全体で工場での大量雇用が終焉を迎えることになるという予

測すら提示されている。

その原因は世界のフラット化が進んで、かつての共産圏諸国の人々が世界の労働市場に参加するようになったこと。さらに同時期に、発展途上国の膨大な人口も、資本主義経済の労働市場に参入を始めたことだ。

このため日米欧の先進国の労働者の賃金は、巨大な低下圧力にさらされている。最も影響を受けるのは、日米欧の先進国の勤労者で、これが今後の大きな社会問題になってくるのは必至の状況である。

IoT社会になると

「インダストリー4.0」の定義の第三次産業革命までは、次々と新設された工場で膨大な雇用が発生した。このため、農村から都市への人口流入が世界規模で起こった。だが、第四次産業革命ではこの回転が止まり、世界規模で雇用が減少していくと言われている。

IoTによってつながった工場では、機械や設備を遠隔操作できるようになるので、現在のような通勤が不要になるし、危険な場所での仕事も自動化される。ITの活用によって働く人の健康や男女の機会平等など、労働環境においても革命が起きようとしている。

だからドイツは、産業労働者の雇用問題に対処するために国を挙げて、産官学一体となって取り組もうと、10年後、20年後の未来に向けて大きく舵を切ったのだ。

このように今後はIoTによってロボット化が進み、労働者の数が現在に比べて少ない社会になっていく。だから、労働人口の多い国は、労働者の失業対策が最大の問題に浮上してくるはずである。

21世紀の世界経済は、2000年代以降著しい経済発展を遂げたBRICs（Brazil、Russia、India and China）の時代になると一時期もてはやされた。だが、ブラジル、ロシア、インド、中国の4カ国は、今後高等教育を受けていない人口の圧迫を受けて苦しむことになる。

逆に今、日本のように労働人口の減少が問題であるかのように認識されている先進国が、相対的に「労働力需要の減少に適応した社会」として優

位になってくる。

　たとえば、アメリカでは現在トラックの運転手が270万人以上いるが、自動運転車の登場で、2040年までにアメリカ大陸を横断するトラック運転手の大半が姿を消しかねないという。一方、日本では逆に少子化によりバスやトラックの運転手が不足することが懸念されている。

　しかし、日本は自動運転車の登場でドライバー不足を解消できる。また鉱山や建設現場などでの無人運転も実現でき、危険区域での作業効率がよくなる。

　このように、少子高齢化社会による労働力供給の減少は、IoTの進展によって到来する労働力需要の減少にとっては、むしろ好都合である。

2. 日本のとるべき選択肢は

　IoTの取り組みで先行しているアメリカやドイツに対して、日本が今後も繁栄し続けるための選択肢は、彼らの論理からは次の3つが候補となる。
(1) 日本独自規格を作り、世界標準を目指す：
　　経済産業省が検討する『日本版インダストリー4.0』などの取り組みがこの代表で、これを日本＋アジアに展開して世界標準を目指す。
(2) ドイツ・アメリカの傘下に入る：
　　ドイツの『インダストリー4.0』、アメリカの『インダストリアル・インターネット』のいずれか、または両方の傘下に入りグローバル市場を狙う。
(3) 各企業の自由競争に委ねる：
　　業界・企業独自の技術を磨き上げて「技術と品質」でグローバル市場をリードすることで生き残る。
以下に一つひとつ考え方を検証する。

「日本独自規格を作り、世界標準を目指すべし」
　これについては、経済産業省が産業機械や工作機械、社会インフラなどを中心に『日本版インダストリー4.0』として検討している。ここでは、日本の成功モデルをベースとして、官民でこれを業種ごとに展開していきたいと考えているようだ。だが、日本全体をまとめるのは難しいと考える。
　理由の第1は、日本は昔から特定の組織に権力が集中することを避けようとしてきた歴史を持っている。その結果、国内で切磋琢磨する土壌が育まれてきた。
　たとえば、現在の日本の主要産業を見ると、自動車産業にはトヨタ、日産、ホンダなどの複数メーカーが、総合電気メーカーには日立と東芝が、

家電メーカーには少なくなったがパナソニックとソニーが、建機業界にはコマツと日立建機が並立している。

　筆者は日立の経営者として、さまざまな事業分野のグローバル上位10社の過去10年の動向を調査・分析したことがある。そこで、「グローバル上位10社の半数は日本企業5社が占めている。その日系5社が日本の1億人の需要を奪い合い、残りの海外5社が世界の70億人の需要を悠々と分け合っている」という現実を何度も見てきた。

　日本以外の国では、ひとつの業態で競争力のあるのは1社だけというケースが多い。そのため、その国の政府は、その企業にテコ入れするのが国策としてすんなりと受け入れられる。だが、日本の場合は、複数の企業が今や狭くなった国内市場で競争し、どの企業も撤退しないため、「過当競争」となっている。だから、国際標準化以前の問題として、国内での標準化ですら難しいというケースが多い。

　この並立は、新しいところでは明治の財閥も三井、三菱、住友などが、江戸時代には御三家・御三卿が、時代を遡ればこの並立は、日本の歴史が始まったときから特定の個人や組織に権力や富が集中しないようにしてきた。これは日本の文化である。

　理由の第2は、極東の島国の日本人にはもともと世界征服をたくらむような発想がない。大陸から伝わってきた文物・文化を大切に保存し、自らの血肉にすることに努めてきた歴史を持ち、これが文化にまで昇華している（コラム　日本人の小国意識を参照）。

　たとえばスポーツの世界でも、日本人は既存の国際ルールを順守して競技を競うが、欧米諸国は現行のルールでは自分たちが不利になると判断すると、自分たちに有利になるように恣意的にルール変更を行ってきている。だから、オリンピックに代表されるスポーツでも、日本人はしばしば欧米諸国における国際ルールの変更に苦しめられてきた。

　日本人はこのような発想を卑怯と言い、嫌ってきた。これは日本の歴史ができてから1300年間も続いている日本の文化のなせるものなので、今

後も変わらないだろう。

　企業に置き換えた場合、自社の基準を世界標準として制定し、マーケット環境を有利にしていこうという考えを好まない。

　このような文化ゆえに、日本は未だかつて己の利益追求のために、世界に標準を打ち立てたことがない。

　理由の第3は、価値判断の時間軸の差に違いがある。たとえば、欧米諸国から日本の現状を見ると、部品メーカーが系列を越えてデータを共有化すれば、品質が良くて価格の安い部品を作る企業が生まれ、その企業に自然に発注が集中して企業の淘汰が進む。これによって世界で戦える企業ができて他国に優位に立てると考えるのが、一般的だろう。

　しかし、日本人はそのようには考えない。大企業は、短期的には安価で品質の良い部品が効率よく供給されるかもしれないが、それよりも中長期的な競争力維持が大事だと考える。日本の大企業は、新製品の設計段階から系列内で設計を共有し、製品の開発スピードを速め、タイムリーな部品の供給を受けようとする。そのため主要な部品については、系列に属する企業から調達するケースが多くなる。

　一方、部品メーカーは彼らの生産工程には数多くのノウハウがあり、門外不出のデータは絶対に公知しようとはしない。それは、その部品メーカーの競争力を削ぐことにつながるからだ。彼らが一堂に集まってデータを共有して一同団結するとは考えない。要するに日本人は、もっと長期に物事をとらえて、どうすべきかを判断するのだ。

　以上の理由から、この「日本独自規格を作り、世界標準を目指す」選択肢を筆者は良しとしない。

「ドイツ・アメリカの傘下に入る」

　この考え方は、まずどちらを採用するかの議論が始まると、収拾がつかず、時間ばかりが経過してますます世界の情勢から取り残される。

教科書的には、両方に参画してよいところを取捨選択し、グローバルに打って出ればよいとなるが、そんなことは相手のあることで、日本の都合よくは進まない。

　この戦略を採用すると、日本の製造業はアメリカや西欧においしい果実をすべて奪われ、その下請け工場の立場に置かれる。丁度、現在の中国の製造業の位置づけになってしまう。違うのは、日本の方が中国よりも高品質の部品や製品をつくっているというだけに過ぎないだろう。こんな姿の日本を願っている日本人はいないはずだ。

　また多くの日本人には、会社は株主のものというアメリカのような主張にはどうしても馴染めない。感覚的には、株主はお金を出しているだけで、リスクもそのお金だけだ。かたや働く人たちは、その会社に人生の大半をかけていると感じている。

　日本人にとって、会社で働く目的は労働の対価として給与をもらうこと以前に、社会への参加であり、職場は人間修養の場であるという江戸時代以来の心学[注1]の考え方が浸透している。そのために企業に求められているのは、直近の事業拡大や利益の増大よりも、事業の安定と永続性を優先する文化となっている。

　その証拠に、日本企業の寿命は世界で突出して長命である。フォーチュン誌500社かそれに匹敵する規模をもつ日本以外の多国籍企業の平均寿命は40年〜50年なのに対して、日本企業の寿命は極めて長い。日本で最も古くからある会社（おそらく世界で最も古くからある企業）は、西暦578年（飛鳥時代）に創業した金剛組（大阪に本社をおき、寺院建築を中心とする総合建設会社）である。他にも奈良時代の西暦718年創業の法師（石川県の温泉旅館）も今に続いている。

注1）心学とは日本人の勤勉な道徳観を支えた庶民の思想で、石田梅岩（1685〜1744）を祖とする石門心学に始まり、一時は全国65カ国、149の講舎を所有していた。梅岩は、儒教・仏教・神道に基づいた道徳を、独自の形で町人にもわかりやすく日常に実践できる形で説いた。そのため、「町人の哲学」や「勤勉の哲学」とも呼ばれている。

上場企業の中で最も古くからあるのは和菓子の老舗の駿河屋であり、室町時代の1461年の創業だ。売上高8500億円の大企業の住友金属鉱山は1590年の創業だし、建設業界33位で売上高800億円の松井建設も1586年創業で、養命酒製造株式会社は1602年の創業である。日本には100年以上続いている上場企業は469社もあり、上場企業の7社か8社に1社は老舗企業なのだ。また、日本には創業100年を超える企業が2万社超と世界最多である。
　このことは、日本の会社が自己の存続を目的とする共同体であることを示唆している。日本企業は売買の対象になる物的な資産の集合体ではなく、社会組織として構成員の生活の為に長く存続することを目標にしている。だから、日本の会社には永続性があるのだ。
　これら老舗企業が、その時々の時代に合わせて存続し続けたことは、決して簡単なことではなかったはずだ。創業時の基本戦略を大切に守り、時代の変化に応じてその修正を積み重ねてきたからこんなに長命なのだ。
　こんなメンタリィを持つ日本人にとって、自分たちの創意工夫でより良いものを生み出せない職場環境には、働き甲斐を見いだせず、働く意欲も減退してしまう。そうなれば、企業の永続性は望むべくもないだろう。

　以上のことを踏まて、この「ドイツ・アメリカの傘下に入る」選択肢も筆者は良しとしない。

「各企業の自由競争に委ねる」

　各業界や企業に任せてしまうという考え方をとった場合、日本で富を生み出し続ける産業はあるのだろうか。20世紀を概観すると、当初は繊維産業が、続いて鉄鋼産業、造船産業、家電産業、半導体産業、自動車産業が日本の富を生み出してくれた。だが21世紀になっても富を稼ぎ出しているのは、自動車産業のみになっている。
　少し我慢して耐えていれば、かつて日本が高度経済成長を謳歌した時代に戻るだろうと夢を追っている人たちがいる。だが、世界の経済構造が変

わった今、このような時代には戻れない。ただ待っていても日本の製造業に黄金期は戻ってこない。かつての日本の高度経済成長を夢見てはならない。

日本製品が世界を席巻した日本の高度成長時代の日本企業は、製品の設計と製造に注力していればよかった。特に、工程設計と生産技術に日本人の得意技である「改善」で磨きをかければよかった。なぜならば、当時の主たる市場は、戦後の日本が追いつくことを目指した欧米諸国だったし、人口大国でかつ人口増加中の国内市場だったからだ。

つまり、製品スペックは日本よりも進んでいた欧米のそれを上回り、価格はそれよりも安価であればよかったのだ。当時は、日本にとってとても良い経済環境に恵まれた時代だったのだ。

話は逸れるが、もう一つ自然も、当時の日本に味方していた。日本は神代の時代から、「地震」、「津波」、「火山」、「風水害」、そして「干ばつ」などの自然災害の多い国だった。それが高度成長時代の日本は、まれにみる自然災害の非常に少ない期間だった。

最近の阪神淡路大地震、東日本大地震とそれによる巨大津波、相次ぐ地震や火山の噴火、台風被害の大きさを、私たちは異常と感じがちだが、この状態の方が長い日本の歴史では通常だったのだ。

日本にとって良い経済環境に恵まれた当時の標語のひとつが「軽薄短小」だった。この延長線上での行き着いた先の代表例が、小さな携帯端末の中にてんこ盛りの機能を詰めんだ「ガラパゴス携帯」と揶揄されたものだった。そこには使われない機能が膨大にあり、併せて誰も読まない分厚いマニュアルがあった。その結果、高価格となり日本以外の国では製品は良いと評価されてもまったく売れなかった。

しかし日本のバブルが崩壊した20世紀末ころから、市場の中心は新興国に移っていった。個人消費のマーケットでいえば、個人の年間所得が3000ドルを超す中間層が成長しはじめ、新興国の中間層が世界の主要マーケットとなっていった。

先進国より所得の低い新興国の中間層には、必要最低限の機能と低価格化が重視される。このため製造業の知的活動の中心は、それまで日本が得意としてきた製品設計と製造ではなく、その国々でのマーケティングと商品企画に変わっていった。

　だからこれを受けての製品設計は、基本機能とオプション機能とカスタマイズ機能とをどのように分けてデザインすれば、グローバル市場で一番受け入れやすいのか、コスト面でグローバルでも有利になるか（言い換えると、どうデザインすれば売り上げがあがり、利益が出るか）、ということに変わった。

　この本質を見誤り、機能を次々に追加していくという従来のやり方を変えずにやっていたのが日本の製造業だった。

　もっともどんな国も、どんな組織も、どんな集団も、自らの成功体験からはなかなか脱却できないことは、歴史の教えるところである。日本人だけが明治維新からの成功体験を引きずったまま太平洋戦争に突入して失敗したのだとか、戦後の復興を遂げて経済成長を謳歌したその成功体験を引きずって突っ走って来たために今日苦しんでいるのだと、後知恵で責めるべきではない。

　逆に、そんな経営でも今日まで繁栄してきていたのは、日本の国内マーケットが大きかったことと、日本文化の特異性による見えない参入障壁によって、自国のマーケットが守られていたからだ。だが、以上のように日本にとって良かった環境や状況が、今や変わってしまったのだ。

　以上の理由から、経営者に対して「各企業の自由競争に委ねる」選択肢も筆者は良しとしない。つまり、アメリカやドイツの戦略に加え、日本の歴史・文化に立脚した戦略を考えなければ、日本企業のIoT化は行き詰まることを示唆している。以下に筆者の考えを提案する。

3. 提言1　日本の文化に立脚した日本のIoT戦略

　以上検討したように、前節の（1）から（3）のどの方式をとるにしても、日本には有利な展望が見えてこない。これは海外の後追いをやっていても、展望は開けてこないということだ。

　筆者は前述の（1）から（3）を使い分けて日本独自に消化していくのが、日本人の性格に沿った現実的な対応であると考える。つまり、あるものはアメリカ・ドイツの規格を受け入れ、あるものは日本独自規格を作り、あるものは各企業の自由競争に委ねる。それによってガラパゴスに陥らない形で、日本独自のものに消化していくのだ。

　重要なのはその「使い分け」の仕方である。そこで筆者の考える「使い分け」の案を、以下に提示する。

「アメリカ・ドイツの規格を受け入れるべきもの」

　西欧諸国は、国際標準化機構（ISO）や国際電気標準会議（IEC）などの国際機関を活用して、自国に有利な国際標準を設定するし、国際会計基準（IFRS）を世界中の企業に使わせるなどの活動に長けている。

　だからドイツやアメリカとは違う観点から、IoTを捉えるべきである。彼らと同じ視点でIoTに取り組んで突き進むと、日本は搾取されるだけの製造工場になってしまう。したがって日本は、ドイツからの国際標準の提案が少なくとも日本企業の損にならないようにしなければならない。

　たとえば、IoTの通信規格は世界で共通とすべきである。しかし、インダストリー4.0で定める標準通信規格でも、プロトコルを細部までは規定させないようにして、各国の企業により良くしていく工夫の余地を残させねばならない。このためには、アメリカなどの他国を巻き込んで議論を進めるべきである。

　世界で共通にしなくてはならないものとしては、ビッグデータのコードの統一もそのひとつである。

たとえば、企業はどうしてもIoTでつながなくてはならいが、ドイツのように国があたかも一つの工場になるようにするのではなく、日本としては大まかなプロトコルでつなぎ、その中でいくつかの企業集団ごとに切磋琢磨して競えるような余地を残す「つなぐ化」に誘導すべきである。
　今後、日本企業は、お互いウィン・ウィンの関係が成り立つ企業間で、あるいは系列内で自ずとつながっていくはずだ。それが日本の文化に合っているので、自然とそうなっていくはずである。
　その結果、お互いメリットのあるデータが共有化され、それらを活用することで効率を高め、競争力を高めることにより、ドイツに対抗できると筆者は考える。

「日本独自の規格を作るべきもの」

　企業同士がつながればつながるほど、モノとモノがつながればつながるほど問題になってくるのがセキュリティ問題だ。このセキュリティ問題の解決には、国を挙げ取り組むべきである。世界が一つの環境になれば効率は良くなるが、反面そのような社会はもろく危うくなる。特定の環境に適応し過ぎると、環境の変化に耐えられなくなり滅亡するのは、地球の歴史が教えるところである。
　また、自国を強い軍隊で守られているアメリカ、ロシア、中国には、相手の隙を見つけてハゲタカのように襲いかかろうとする人たちが活躍しやすい土壌がある。さらに、北朝鮮はじめいろいろなテロ集団は、投資効果の高いハッキングをますます高度化して、先進国の脆弱性を攻めてくるはずだ。
　したがって日本が国を挙げて取り組むべき第一は、サイバー・セキュリティ研究の推進である。これは日本固有の問題ではなく、インターネットの世界的な問題である。ここはインターネットとつながる利便性もあるが、そのリスクの大きさも考えなければならない。
　最近、我が国ではベネッセの顧客情報の流出問題、日本年金機構の個人情報の流出問題などが起こっている。仮に、インターネットにつながった

データがその時点で完璧なセキュリティ対応がなされていたとしても、サイバー攻撃は日進月歩で巧妙化しており、工場の制御機器を破壊するかもしれない。
　たとえば、化学プラントはセンサーを多数装着して、最適な反応を持続させるために制御しているが、それらはインターネットにつなげていない。それは、万一サイバー攻撃を受けてハッキングされると、大事故につながるからだという。
　ましてや今やハッキングの主体は、個人や組織から国家になっている。2015年のオバマアメリカ大統領と習近平中国国家主席の首脳会談において、「サイバー攻撃実行せず、支援せず」で合意したのは記憶に新しい。双方とも国家単位でサイバー攻撃をしていることを暗に認めているのだ。
　今後、すべてのモノがインターネットでつながるIoT時代に突入するに従い、サイバー攻撃のリスクはいよいよ増してくる。
　このサイバー・セキュリティを個々の企業に任せていては、世界と互角には戦えない。国家としてサイバー・セキュリティ対策を講じることこそ、日本国として取り組むテーマである。ハッキングの技術は日進月歩で進んでおり、それに対抗するために、サイバー・セキュリティの研究を積極的に進める必要がある。そしてこの成果を、世界に向けて提案していけばよい。
　各国のサイバー・セキュリティへの取り組みを見ると、数百人から数千人の陣容で取り組んでいる。日本の省庁のように縦割りでそれぞれの所管の範囲内で細々とやっていては、遅れるばかりである。日本もサイバー・セキュリティの組織を一本化し、もっと予算をつけなくてはならない。

「各企業の自由競争に委ねるべきもの」
　遅れている状況の中で、政府主導で無理やりプラットフォームを構築するのは得策でない。過去、政府が主導してプラットフォームを集約化する産業政策を数多く行ってきたが、十分な成果をあげたものは少ない。今回も同様な結果となる可能性が高い。

これまでの各章で取り上げたいろいろなプラットフォームの集約化は、日本企業の自由競争に任せるのがよい。たとえば、三菱電機は生産自動化（Factory Automation）の頭脳にあたる機械制御機器（PLC）に強みを持ち、その工場向けソリューション「eF@ctory」は、国内外100社以上で5000件以上にも及ぶ導入実績がある。

　また、コマツは「KOMTRAX」をマイニング産業向けの大型機械の管理システムとして発展させてグローバル展開している。このように現在先行している企業は、今後も海外企業と連携して独自路線を進めるだろう。だから、強い企業の自由に進める環境を整えてあげればよい。

　IoTを意識しての動きとしては、前述したとおり日立は、2007年から「IT×インフラ」を掲げ事業展開してきた実績を集大成し、2016年に独自プラットフォーム「Lumada」として販売を開始した。IoTで先行している企業のプラットフォームとつなげて使うことができる日本独自のモノだ。

　このような動きが、今後、日本企業から次々に出てくるはずだ。また、すでに商品化されている異なるプラットフォームでも効率を高めることができるし、標準化されていない企業独自のものでも、工夫次第で十分競争力を高めることが可能である。

　さらに、自然淘汰による企業の集約化も進むことが予想されるし、プラットフォーム同士でウィン・ウィンの関係となるのなら、その時点で集約化すればこと足りるはずだ。

　日本独特の文化のゆえに、ドイツやアメリカの発想をそっくり真似てIoTに取り組むと失敗する。そこで、現在の日本の優位性は何かを見直すと、以下の二つがある。

　一つは、IoTの要の一つである人工知能（AI）やロボットの導入に対して、日本はもっとも抵抗なく受け入れられる社会であることだ。かつ、日本の健康寿命が世界一であることを考えると、高齢者も元気な間は働き続けて、支えられる側から価値創造側に回ればよいのだ。

歴史を振り返れば、定年制が定着したのは戦後のことで、日本人は歴史の大半は年齢に関係なく働いていた。平安貴族の定年は75歳だったという記録もある。
　前述した心学の教えによって、勤勉に励めば生活水準が向上することを知った人々は、生涯働き続けることを良しとするようになっていった。この日本の文化は高学歴者の多い高齢社会になったIoT時代には、有利に働くはずである。
　人工知能を活用して、高齢者でも働ける仕事をどんどん開発すべきである。すると、年金問題も、労働人口の減少問題も、老老介護の問題も、緩和していくはずである。

　もう一つは、多様な産業基盤を日本が有していることだ。生産するものの多様性を測る尺度として、経済複雑性指標（Economic Complexity Index）というものがある。これは、その国で生み出されている製品の多様性と遍在性を、各国の貿易統計から指標化したものである。
　これで測ると、日本は世界一多様な産業基盤を有している。つまり、日本は世界で一番、多種多様な製品を生み出しているのだ。これが日本を豊かにしている本質であり、来日した外国人が驚く、日本製品のきめ細やかさの源泉で、これが日本の優位性のひとつだ。
　この多様性を生み出している中小企業を、政府として今後とも保護・育成していかねばならない。

　これらのことを前提とした政府の政策の下で、個々の企業がIoT化を着実に進めれば、アメリカやドイツが進める産業用IoTを日本独自に消化することができるはずだ。以下にいくつか提言する。

4. 提言2 社会インフラのIoT化は国家プロジェクトで

　これからの時代、先進国は人口減少社会になるので老朽化したインフラのメンテナンスが主体になる。一方、今後も人口増加が見込まれる新興国は、逆に大規模なインフラの投資が必要になってくる。

　したがって、今後、日本の製造業に大きな希望を抱かせる発展分野は、新興国のインフラ投資と先進国の老朽化したインフラのメンテナンスだ。新興国の上下水道、鉄道、港湾、道路、空港、地下鉄、発電所、通信施設、工場団地、宅地造成、都市建設などの分野に、膨大な潜在的需要が存在する。

　だから、先進国の製造業は競ってこの新興国のインフラ受注を目指して、最新の産業用IoTシステムを提案していくはずだ。中国も安価な労働力を武器に、この競争に参加しているのは周知のとおりだ。

　では今後、日本はこの分野にどのように取り組めばよいのか。前述したように、ドイツやアメリカと同じ視点で産業用IoTに取り組んで突き進むと、日本は搾取されるだけの巨大な社会になってしまう可能性が高い。

　第三次産業革命までは、国境や言語で市場が分断されていたため、各国でのローカルな事業者が品質に応じた価値を確保できた。特に日本は、比較的大きな市場を有していたので、ローカルでも十分にやってくることができた。

　だが、IoTによって世界がネットワークで結ばれて均質化してくると、世界共通のプラットフォームが生まれ、「差違」を生み出せる事業者だけに利益が偏在する傾向が強まる。iPhoneが象徴的だが、市場は今後多くのモノがグローバルで均質化されていくようになる。

　均質化した世界では、「差違」を生み出した者だけが、多くの取り分を確保できる社会になる。現在のスポーツ選手のようにほんの一握り者に富が集中する時代になる、時代は変わるのだ。

　アメリカもドイツも、IoTを国家プロジェクトとして取り組んでいる。

日本の製造業も自前のIoTのプラットフォームを持たないままだと、前述した東芝やパナソニックなどの大企業に同調する動きが増えてくるだろう。

　また、中小企業が図表2-1に示した技術の8階層を自前で揃えることは不可能である。プラットフォームなどを公共財として提供しないと大企業と中小企業との格差は開く一方になる。ドイツはそれを恐れて国家プロジェクトにした。

　それらを見越してか、機を見るに敏なソフトバンクはGEのプラットフォーム「Predix」やIBMの人工知能「ワトソン」の国内販売を始めている。日本企業は、もたもたしていると海外勢にIoT時代のプラットフォームをすべて抑えられてしまうことになる。

　日本としてIoTプラットフォームを整備しないままでいると、一部の電子機器市場のように、日本の製造業は外資系企業に利益提供する下請けに成り下がってしまう。

　IoT時代の入り口にいる現在、ドイツやアメリカに負けないIoTのインフラを日本として構築しなくてはならない。これは今後の公共投資のひとつと考えねばならない。これこそ、筆者は国家の仕事と考える。

　ただしこれは、政府主導でプラットフォームを構築することを意味しない。前述した通り日本人の性格、文化的・歴史的背景から考えて、それは現実的ではない。

　繰り返すが日本人は、個人や組織に突出した権限を渡さない（**結果の平等性を重んじる**）、標準を確立して全体最適を目指すよりも個々の工夫による改善を目指す（**匠をあがめる**）、企業に求められているのは、規模の拡大や利益の追求だけでなく永続性を目指す（**働く人たちの修行の場**）、などという考えが根底にある。

　前述したように、GEは「Predix」を、ボッシュは「Bosch IoT Platform」をIoTのプラットフォームだという。シーメンスも日立もNECも、またその他の会社もそれぞれが自社の製品をIoTのプラットフォーム

だと言っている。

つまりこの状況は、どういうものがIoTのプラットフォームなのかは、現在まだ誰にもわかっていないことを物語っている。だから、政府は1960年、70年代に国家予算を投入してコンピューター産業を育成したように、IoTに予算を投じて国内産業を育成する必要がある。

いくつかの国家プロジェクトを進めている中で、これこそが日本のIoTのプラットフォームだというものが見つかるはずである。それを育てることで、アメリカや西欧諸国に対抗するのがよいと筆者は考える。

繰り返しになるが、国家プロジェクトとして実施すべきことは、
① 「何を国家として規格化し、何を欧米の規格を受け入れ、何を企業の自由競争に委ねるのか」のグランドデザインを描くこと
② セキュリティ対策など企業の枠組みを超えた公共性が高い内容の日本独自の規格化を推進すること
③ インダストリー4.0の通信規格などの欧米ですでに標準化が推進されている内容の日本への消化・受け入れを推進すること
④ プラットフォーム開発など企業の自由競争に委ねるべき部分に対して、海外の攻勢からの国内市場の保護や、法整備や優遇措置などによる後押しを推進すること

これらを通して日本企業の後方支援を推進することを提言する。

このように「国際標準の受け入れ」、「日本独自の推進」、「国内市場の保護と日本企業の自由競争の促進」などの「使い分け」は、通信事業を始めとしてさまざまな分野で政府が実施してきた得意技である。

なお、2016年に日本も国家プロジェクト「ソサエティー5.0」を始動させた。この芽がインダストリー4.0に負けない活動になることを期待したい（コラム　ソサエティー5.0（Society5.0）始動を参照）。

5. 提言3　公共性が高い技術階層は公共で

　現時点で「IoTに対する公共投資はこうあるべき」という具体案を明示することは難しい。ただ、アメリカ政府のインダストリアル・インターネットへの投資、ドイツ政府のインダストリー4.0への投資の姿勢を見ると、次の点だけははっきりしている。
　IoTに対する公共投資は、道路建設のように政府が直接的に計画して事業を行う形態は適していない。企業が結成した業界団体に対して政府が後押しする形で公共投資を行う形態になるだろう。IICもインダストリー4.0もそのような形態で政府の後押しを受けている。
　IoTはイノベーションであり、イノベーションは企業によって行われる。官僚がイノベーションを起こすことはありえない。だからこの形態は当然と言える。

　筆者の日立グループで働いた経験から、どうしても公共投資でやってもらいことがある。それはコードの統一である。
　企業内、企業グループ内で使用しているコードを統一すれば、新たに開発しなくてはならないコンピューターシステムが、どんなに楽であるかは、IT関係者は等しく認めていることだ。また、コード統一されて開発された業務システムの保守作業がどんなに楽になるか、驚くほど効率がよくなるかも、IT関係者は等しく認めている。しかし、日本企業の現実は、これが実現できていない。
　ビッグデータの分析・解析をしようとする際に、最初に直面する問題のひとつが、集めたデータが直接には役に立たないことである。その原因は、データのコード体系が同一企業内であっても部門間でバラバラなために、データ分析するにはまずコード体系を整備し直し、データコードを振り直さなくてはならないことだ。
　また、ビッグデータを扱おうとすると、どうしてもいろいろな部門の

データや他社のコードや公共のデータを併せて使う場面がでてくる。実際にビッグデータの分析をする際には、これらのコード体系が異なっていて、ビッグデータを分析するためにデータを一つひとつ整備するところから始めなくてはならない。ビッグデータを分析するには、このような高い壁がそびえ立っている。

　筆者が日立グループで7年の歳月をかけて実施したコード統一も、最初の壁は厚かったが、その効果は絶大であった。壁はコード統一にかかる費用とその効果が見えにくいことである。筆者は日立グループのコード統一プロジェクトで、日立として過去に例を見ない膨大な投資をした。その成果は、数年遅れてそれに十分見合う成果をもたらした。そして、今やそれは日立グループのインフラとなっている。

　具体的には、財務関連のコード統一は、IFRS対応や連結決算の容易化に寄与して財務基盤の強化につながった。人財情報データベースの構築はグローバルでの人財力強化に、お客様コードの統一は取引情報の一元化などにより営業力強化に、調達関連のコード統一はより高度な購買戦略立案などの調達力強化につながった、などなどである。

　一つの事例を紹介する。人財情報と統合したメールの「つなぐ化」を行い、従来個別入力していた異動情報を人財情報と連携し、メールボックスの作成や廃止を自動化した。これにより毎年の4月1日の職制改正で異動する約10万人の異動情報を前日の3月31日に処理できるようになった。具体的には、新入社員や異動の辞令が出た者たちが、発令日初日から新しいメールやPCの利用が可能になった。無論、退場者のメールは4月1日からは利用できないようにできた。

　今やこれらは、日立グループのITインフラである。インフラであるために、経営者には見えにくいし、そのため理解されにくいし、必要なことを説明し難いものだ。だが、グローバルに打って出る日立グループの経営を支えるためにはどうしても必要だと、経営陣に訴え続けてやり遂げた。

　同様のことを、日本国として整備しなくてはならない。では日本政府と

して取り組むべきものは何か。まず何よりも標準規格、特にIoT対応の通信規格の策定が必要だ。

　GEが主導するIICは、まるでカウボーイたちが金脈に群がるように、実証実験や先行事例を各々が思う方向に掘り当てている感があり、規格の標準化にはそれほど関心が払われているようには見受けられない。

　しかしドイツのインダストリー4.0は、各種設備に設置されたセンサーや通信機器がやりとりするIoT対応標準通信規格を策定しようとしている。

　すでにインダストリー4.0では、既存の設備のセンサーや通信機器をすべて新しい通信規格に交換することは非現実的との判断からか、「既存の異なるセンサー・通信機器同士の間をどうやってインダストリー4.0対応通信規格に変換し、工場と工場、設備と設備、機器と機器を通信させるか」という方向で、技術的な実装方法を検討している。

　この通信規格のIoT対応に向けた標準化の取り組みは、会計基準の国際標準化の取り組みを想起させる。かつては国別に会計基準がバラバラであり、国をまたいでマネーが投資される世界経済の状況には対応できていなかった。そこで会計基準を標準化させる取り組みがヨーロッパから始まり、ついには国際財務報告基準IFRSとして全世界に適用されるに至った。一方、自国の商習慣と会計基準に固執した日本は、結果としてIFRS後進国となった。

　国別に通信規格がバラバラな現状は、モノとモノの間をビッグデータが国をまたいで通信し合うIoT時代には対応できなくなる。通信規格もまた、国際標準化を余儀なくされる。すでに各種IoT業界団体によって、既存の通信規格と整合的な通信規格の開発競争は始まっている。

　会計基準をIFRSに合わせても日本の国益を損なうことは無かったように、通信規格としてインダストリー4.0を事実上の国際標準として日本に導入しても、決して日本の国益を損なうことはない。むしろ日本がIoT後進国にならないために、いち早くインダストリー4.0と連携し、通信規格を受け入れていくべきだ。これは、一企業にはできない。これこそ政府がすべきことである。

ソサエティー5.0（Society5.0）始動

　インダストリー4.0、インダストリアル・インターネットに匹敵する産学官連携プロジェクトが、ようやく日本でも始まった。

　日本政府は、2016年から始まる5ヵ年計画「第5期科学技術基本計画」として「ソサエティー5.0」という概念を、2016年1月に閣議決定した。

　「ソサエティー5.0」という名称には「狩猟社会、農耕社会、工業社会、情報社会に続く第5の社会を生み出す変革」という意味が込められている。ソサエティー5.0は、先行するインダストリー4.0等と異なり、製造業のみならず、交通、エネルギー、一般生活などの11分野に渡っている。その上で、これらの多岐に渡る取り組みを連携させる「IoTサービスプラットフォーム」の構築を目指すとしている。

　本書では「多様な産業分野×8つの技術階層で構成される俯瞰図でIoTを俯瞰すべき」と主張し、特にプラットフォームの重要性を説いた。その点でソサエティー5.0はIoTの全貌を俯瞰した取り組みと評価できる。

　2016年9月15日に開催された首相直轄の推進組織「総合科学技術・イノベーション会議」で、日立製作所が「ソサエティー5.0の実現に向けて」という実績に基づくプレゼンテーションを行った。それに対して安倍首相は「本日は、民間企業からソサエティー5.0の実現に向けた具体的な取り組みを御説明いただいた。雲をつかむ話ではなく（中略）仕事のイメージを実感することができた。政府は、ソサエティー5.0の実現に向けて、産業界とともに取り組みを強化する」と高い評価と強い意思を表明された。

　ソサエティー5.0は目標が高いだけに道のりは遠いだろう。インダストリー4.0もインダストリアル・インターネットも、コンセプト採択から産学官連携の推進組織を整えて成果を出すまで、2年以上の歳月と投資を要した。ソサエティー5.0もまた芽が出るまでには相応の年月と投資が必要だろうが、決してその歩みを止めてはならない。

コラム 日本人の小国意識

　日本人は周りを超大国のアメリカと中国とロシアに囲まれているので、自国を小さな国と思っている。歴史的にみても、隣には常に超大国の中国がいたので、この小国意識は、すべての日本人のDNAにまでしみ込んでいると思えるほどに強烈である。

　だが世界の大半の諸国から見ては無論のこと、ヨーロッパ諸国から見ても、経済力でも、人口でも、日本は大国なのだ。これは現在だけの現象ではなく、中国を中心とする東アジアでは、卑弥呼の時代から日本は現在のインドネシア地方と並んで人口の多い国と、中国から認識されていた。しかし当時から、日本列島に住む倭人は、自分たちを小さな国と思っていた。

　自国が世界の中では大きいということに気が付かないのは日本人だけである。常に日本は中国に対して小さな国、アメリカに対して小さな国、ロシアに対して小さな国と思っている。同様に、19世紀には大英帝国に対して小さな国、フランスに対して小さな国、ドイツに対しても当時は小さな国だと思っていた。

　小さな国の宿命は、自らルールを作り出せないことにある。日本国が成立した時、隣には隋・唐の大帝国があった。そのルールを取り入れないことには、国をまとめることはできないし、外交ができなかった。隋・唐の文化の吸収を約300年もの年月をかけておこない、その後数百年をかけてそれを消化し、日本独自の文化と呼ばれる王朝文化を創り出した。幕末から明治にかけては、文化を吸収する大国が西欧列強になり、戦後はそれがアメリカになった。

　平和な時代が続けばやがてそれらを消化して日本独自の文化をきっとモノにするだろう。だが、まだ日が浅いのと、世の中の変化のスピードが速いために、まだまだの状況のようだ。このような歴史を持つ日本には、自

国から文化を発信するとか、自国が世界のスタンダードになろう、という発想自体が有史以来なかった。

しかし、ここにきて時代はまた大きく変わろうとしている。その引き金を引いたのがIoTである。今こそ、この大きな変革の流れに乗り、先頭を走らねば、日本は江戸末期の状態に戻ってしまう。

IoT時代の特徴は、工場から生み出されるすべての製品がインターネットにつながっていることが当たり前の世界だ。だから製品は、好き嫌いは別にして、グローバルでの競争になってしまう。

日本だけが国内のニッチ市場で生き残りを図るのも一つの手だが、その場合は太平洋戦争前の5000万〜6000万人の人口の国なることを意味する。あるいはもっと少ない、食料を自給で賄える人口、つまり江戸時代と同じ3000万〜4000万人の国になる。国民全員がこのことを受け入れればいいが、そんなことにはならないだろう。

ならば、製造業に従事する人たち、企業の経営者たちは、率先してこのIoT時代に果敢に挑戦しなくてはならない。躊躇している暇はない。

おわりに

　本書の執筆に当たり、最近出版されたIoT関連の書籍を20冊ほど選び、目を通した。しかし、IoTの全貌が見えない。本書のような切り口で、IoTの全貌をまとめているものはなかった。それで、執筆を思い立った。

　本書を執筆し終えて見えてきたのは、このままで日本は大丈夫なのか、という危機感だった。ドイツと比べ、アメリカと比べ、この遅れは何だろうか。

　ひとつは先進国と比較して、日本の主要閣僚クラスに理学部や工学部の博士の学位を持った者が少ないという事実だ。技術立国で外貨を稼がねばならない日本なのに、この国は俗にいうところの政治屋の集団になっている。国会議員の出身を見ると、世襲議員が3分の1を占め、官僚経験者や弁護士などの法曹関係者が圧倒的に多い。それに対して、理科系出身者の割合は10％強でしかない。

　このことは会社経営にも当てはまる。企業の経営層でも、財務や経理、人事や総務などの事務系スタッフに支えられての経営が圧倒的に多いのが現実である。日本の就業人口の割合を見ると、欧米に比べて事務職が2倍も多く、逆に専門的技術職が半分しかいないのが、そもそも問題なのだ。IoTのように技術で世の中が大きく変わろうとしている時に、これでは他国に遅れをとるばかりである。この仕事のやり方を見直さなければ、今後のグローバル時代に戦えなくなるだろう。

　従来のやり方では、これからのIoT時代に通用しない、危機だと考えている経営者や事業計画を担当している方々が、IoTサービスのスペックに踏み込んだ決断をしようとした時に、本書がIoTの全体像を俯瞰する地図として少しでもお役に立てれば、著者としてこれ以上の喜びはない。

本書の執筆では多くの方々にご指導を仰ぎました。

　特に、世界中の企業の動向や公的機関の文献を、しらみつぶしに調査してくれた日立システムズ主任技師の松浦守さん、その資料からIoTを牽引している企業の戦略を分析してくれた日立コンサルタント・マネージャの渡部顕一郎さん、まずもってこの両君に謝意をささげます。両君の協力が無ければ本書は完成できませんでした。

　日立システムズ本部長の前田貴嗣さんからは、IoTに取り組んでおられるお客様の最新の状況を教えていただき、同社事業主幹の秋葉穂さんからは貴重なアドバイスをいただきました。この場を借りて感謝いたします。

　また、本書全体の統一性や、終始適切なコメントをくださった元日立公共システムエンジニアリング取締役の蛯原貞雄さん、そして、経営的視点から数々のご助言を賜った日立ソリューションズ名誉相談役の小野功様（元日立製作所副社長）、ご助言のみならず数々の配慮を賜った日立製作所副社長の齊藤裕様に心から御礼申し上げます。そして日刊工業新聞社の藤井浩さん、原稿の校正と修正をしてくれた元秘書の稲垣久美子さん。この場を借りてみなさんに感謝を申し上げます。さらに、私の執筆を支えてくれた妻 ハルエにも感謝します。

　最後に、執筆の初めから出版に至るまで終始ご助言を賜った国立研究開発法人新エネルギー・産業技術総合開発機構「NEDO」の理事長の古川一夫様（元日立製作所社長）に、厚く御礼申し上げます。

　本書は私の初めての執筆体験でした。執筆は大変な反面、私自身の勉強にもなり、また楽しむこともできました。本書が少しでも皆様のお役に立てれば幸いです。

2016年12月
大野　治

【参考文献】

はじめに
［1］平成23年交通事故統計表データ（公財）交通事故総合分析センター
［2］ジェレミー・リフキン（Jeremy Rifkin）書「限界費用ゼロ社会（2015年）」194
［3］一川誠（著）「大人の時間はなぜ短いのか」集英社：2008年9月
［4］江守一郎「新版自動車事故工学」（技術書院平成5年5月発行）45頁
［5］清水勇男・岡本弘共著「新訂交通事故捜査の基礎と要点」（令文社・平成15年3月初版）

第1部　IoTの全体俯瞰
［1］：Hannover Messe 2011
［2］：Hannover Messe 2013
［3］：IIC 公式HP「http://www.IIConsortium.org/members.htm」（2015年12月現在）
［4］：JETRO 発行「Industrie4.0とEUにおける先端製造技術の取り組みに関する動向」（2014年6月）
［5］：ジェレミー・リフキン（Jeremy Rifkin）書「限界費用ゼロ社会」（2015年）
［6］：JETRO、「Industrie 4.0」とEUにおける先端技術の取り組みに関する動向」（2014年6月）
［7］：JETRO翻訳版；「Industrie4.0実現戦略」（2015年8月）
［8］：尾木蔵人書「決定版 インダストリー4・0」（2015年9月）
［9］：JETRO翻訳版；「Industrie4.0実現戦略」（2015年8月）
［10］：GE「Industrial Internet」（2012/11）
［13］：ドイツニュースダイジェスト「第4次産業革命「インダストリー4.0」モノづくり大国ドイツの挑戦」03. Jun. 2016
［14］：IIC Quarterly Report（2015年11月）
［15］：IDC's Worldwide Internet of Things Taxonomy、（2015年）

第2部　垂直統合戦略
［1］：General Electric Company　2014 FORM 10-K（Annual Report含む）
［2］：DIGITAL RESOURCE PRODUCTIVITY（Brandon Owens、GE、2014）
［3］：Industrial Internet Insights Report For 2015（GE & Accenture、2014）
［4］：The Case for an Industrial Big Data Platform（GE Software、2013）
［5］：Igniting the Next Industrial Revolution（GE Software、2014）
［6］：ASSET PERFORMANCE MANAGEMENT（GE Software 販売促進資料）
［7］：Annual Report 2014（Bosch、2014）

[8]：Capitalizing on the Internet of Things—how to succeed in a connected world（Bosch SI、2014）
[9]：Realizing the connected world – how to choose the right IoT platform（Bosch SI、2014）
[10]：Creating connected manufacturing operations in the Internet of Things（Bosch SI、2014）
[11]：IoT and Big Data（Bosch SI and MongoDB、2014）
[12]：Industrial Internet：Putting the vision into practice（Bosch SI、2015）
[13]：Industry 4.0 market study: demand for connected software solutions（Bosch SI、2015）
[14]：Harnessing the Power of the Internet of Things—The IoT for the Extended Enterprise（Bosch SI、2015）
[15]：Enabling Intelligent Decisions in the Internet of Things—IoT and Business Rules（Bosch SI、2016年）
[16]：Industrie4.0/Internet of Things Vendor Benchmark 2016年（Experton Group、2015）
[17]：http://www.bosch-presse.de/presseforum/details.htm?txtID=7162&tk_id=107
[18]：Annual Report 2014（Siemens AG、2014）
[19]：Industry 4.0—Vision to Reality（Siemens AG、2015）
[20]：Siemens and KUKA announce cooperation（Siemens and KUKA Roboter GmbH、2013）
[21]：German Chancellor Merkel visits Siemens' showcase "digital factory"（Siemens、2015）
[23]：Siemens drives forward the Digital Enterprise（Siemens、2015）
[24]：Siemens drives digitalization in machine tool environments（Siemens、2015）
[25]：Siemens on the way to Industrie4.0 with the Digital Enterprise（Siemens、2015）
[26]：Siemens offers concrete solution portfolio for Industrie4.0 with Digital Enterprise（Siemens、2015）
[27]：On the road to Industrie4.0 in CNC technology with Sinumerik from Siemens（Siemens、2015）
[28]：特集　ものづくりに大転換（毎日新聞2003年1月3日付6面）
[29]：光國光七郎（著）「在庫と事業経営－カップリングポイント在庫計画理論」日料技連（2016/06）

第3部　水平横断戦略

[1]：TECHNOLOGY RADAR Cisco、2014年12月）
[2]：シベリア東部のレナ川のデルタの衛星写真 2007年6月21日撮影（NASA）
[3]：エイドリアン・ベジャン（Adrian Bejan）書「流れとかたち 万物のデザインを決める新たな物理法則（2013年）」
[4]：Cisco Fog Computing Solutions: Unleash the Power of the Internet of Things
[5]：Ciscoの公式サイト（https://techradar.cisco.com/technology/fog-computing）
[6]：Exploring the internet of things in the enterprise（2015年2月）
[7]：IoT市場の創造、ベンチャー精神とエコシステムの重要性（2015年日本語資料）
[8]：IIC公式サイト（edge intelligence testbed）
[9]：HPE「The Internet of Things」（2015年12月）
[10]：Amazon公式サイト（https://aws.amazon.com/jp/IoT/how-it-works/）
[11]：傳田 光洋書「驚きの皮膚」（2015年7月）
[12]：Posted in .Selected、Cisco、IBM、IoT by agilecat.cloud on June 15、2016
[13]：IDC#J15340102。ただし図は分かり易さを優先し、改変した。
[14]：eimagining Business with SAP HANA® Cloud Platform for the Internet of Things（2015年）
[15]：Internet of Things：Role of Oracle Fusion Middleware（2014年4月）
[16]：ニュースリリース「IoTデータ活用基盤サービス Fujitsu Cloud IoT Platformの提供開始」（2015年6月）
[17]：Google 公式blog「Hallo、hola、olá to the new、more powerful Google Translate app」（January 14、2015）
[18]：http://www.predictiveanalyticstoday.com/top-predictive-analytics-software-api/
[19]：TensorFlow: A System for Machine Learning on HeteroGEneous Systems
[20]：小型・低床式無人搬送車「Racrew（ラックル）」（http://www.hitachi.co.jp/products/foresight/strategy/020/index5.html）
[21]：日経ビジネスオンライン「自動運転、特許で見えたグーグルの本気」2016年9月13日
[22]：クイズ番組に挑戦したコンピュータの開発から学んだこと（2011年11月）p.5から抜粋
[23]：IBM公式サイト「IBM Watson Hard At Work: New Breakthroughs Transform Quality Care for Patients」（http://www-03.IBM.com/press/us/en/pressrelease/40335.wss）
[24]：アマゾン「ロボット化された最新発送センター」の内部を公開（http://wired.jp/2014/12/04/amazon-robots-heart/4/）

[25]：IoT（Internetof Things）が拓く新たなクラウドソリューションの展望と設計アプローチ
[26]：Creating the Internet of Your Things（2015年6月）
[27]：Get started with the internet of things（2015年）
[28]：Microsoft公式サイト（https://azure.microsoft.com/ja-jp/services/machine-learning/）
[29]：Microsoft公式サイト「Microsoft Research shows off advances in artificial intelligence with Project Adam」http://blogs.microsoft.com/next/2014/07/14/microsoft-research-shows-advances-artificial-intelligence-project-adam/
[30]：Microsoft公式サイト「On Welsh Corgis、Computer Vision、and the Power of Deep Learning」（http://research.microsoft.com/en-us/news/features/dnnvision-071414.aspx）
[31]：Facebook社と学術機関の研究成果論文「DeepFace: Closing the Gap to Human-Level Performance in Face Verification」（2014年6月）
[32]：Facebook公式サイト https://research.facebook.com/publications/deepface-closing-the-gap-to-human-level-performance-in-face-verification/ から入手可能
[33]：ITmediaニュース「Facebook、"ほぼ人間レベル"の顔認識技術「DeepFace」を発表」2014年03月19日 http://www.itmedia.co.jp/news/articles/1403/19/news091.html
[34]：ジャレド・ダイアモンド、ノーム・チョムスキー、オリバー・サックス、マービン・ミンスキー、トム・レイトン、ジェームズ・ワトソン（著）吉成真由美（インタビュー・編）「知の逆転」NHK出版新書（2013年4月）
[35]：IoT News「IBMとCisco、Watson IoTの能力とエッジ分析を融合」https://iotnews.jp/archives/23010（2016.06.10）

第4部　モノ重点戦略

[1]：ジェレミー・リフキン（Jeremy Rifkin）書「限界費用ゼロ社会（2015年）」
[2]：パンフレット「ライフスタイルを試作する」（ストラタシス・ジャパン、2015）
[3]：ケーススタディ「成功へのイノベーション」（ストラタシス・ジャパン、2015）
[4]：PRECISION PROTOTYPING（Stratasys、2014）
[5]：Additive Manufacturing Trends in Aerospace（Stratasys、2013）
[6]：ニュースリリース「3Dプリンタによる部品や製品の直接製造サービスを開始」（2015年4月）
[7]：「RICOH 3D Printer」サービス紹介パンフレット
[8]：日本経済新聞「3Dプリンタで血管や神経　佐賀大や京大、複雑な組織を作製」2016/7/16

［9］：GE Report JAPAN「デジタル・ツイン：データを分析して将来を予測する」（2015年10月）（http://GEreports.jp/post/130596641109/digital-twin-technology）
［10］：「Industrie4.0とSAPの取組み」（SAPジャパン、2015年7月）
［11］：Siemens annual report 2014
［12］：Press conference SPS IPC Drives 2014（Factory Automation CEO、2014）
［13］：LMS solutions for driving dynamics（Siemens PLM Software、2015）
［14］：「シーメンスからの提案：いいものをつくり、いいものづくりをするPLMソフトウェア」（2010）
［15］：顧客向けマガジン「Contact」（ABB、2014年3月号）p.9
［16］：More than IoTS and Industrie4.0（ABB、09.04.2015）http://new.abb.com/about/technologyIoTsp
［17］：ABB – Next Level（ABB、2014）
［18］：「三菱FA統合ソリューション e-F@ctory」カタログ（2011）
［19］：SIP（戦略的イノベーション創造プログラム）自動走行システム研究開発計画（内閣府、2015年5月）
［20］：「自動運転技術開発」（トヨタ）
［21］：基調論文 デンソーの先進安全技術動向（デンソーテクニカルレビューvol.18、2013）p.18
［22］：The Path to Fully Automated Driving – An Evolutionary Development」（2013）
［23］：ニュースリリース「自動走行システムの実現に向けた『ダイナミックマップ』構築の試作・評価に係る調査検討を内閣府より受託」（2015年10月）
［24］：Automotive（R）evolution: Defining a Security Paradigm in the Age of the Connected Car（2014）
［25］：OAA公式サイト
［26］：Car play公式サイト
［27］：「Amazon Prime Air用のドローンの新プロトタイプ動画を公開」（ITmedia、2015/11/30）
［28］：「Amazon、ドローンでの配送サービスPrime Air構想を発表」（ITmedia、2013/12/2）
［29］：「Google ChallenGEs Amazon For Drone Supremacy」（TechCrunch.com、2014/8/28）
［30］：「Alibaba Takes Amazon's Drone PR Stunt To Next Level With Limited、3-Day Pilot」（TechCrunch.com、2015/2/4）
［31］：「Intel® RealSense™ Technology Powers Machines That Can See」（2015）
［32］：記事「ITベンダー各社がドローン利用に着手、富士通や日立、NECも」（日経

コンピュータ、2015年6月16日付）
- [33]：ニュースリリース「NECネッツエスアイ、産業用ドローンに関する導入から運用までのトータルサービスの提供を開始」（NECネッツエスアイ、2015年2月16日）
- [34]：「自律制御システム研究所（ACSL）」ホームページ（http://www.acsl.co.jp/）
- [35]：ニュースリリース「セコム ドローンのサービス提供を開始」（2015年12月）
- [36]：ニュースリリース「セコム ドローン検知システムを発売」（2016年1月）

第5部　提言

- [1]：ジェームス・C・アベグレン（著）、山岡 洋一（訳）「新・日本の経営」日本経済新聞社：（2004/12/11）
- [2]：帝国データバンクの「長寿企業の実態調査（2013年）」（2013/09）
- [3]：ダイヤモンド・オンライン「創業5年で時価総額約2兆円の急成長ベンチャー「UBER」本社で痛感した新交通システムのあるべき姿」（2014/8/1）
- [4]：桃田 健史（著）「IoTで激変するクルマの未来」洋泉社（2016/02/12）
- [5]：小笠原 治（著）「メイカーズ進化論」NHK出版（2015/10/9）
- [6]：大石 久和（著）「国土が日本人の謎を解く」産経新聞社（2015/6/29）
- [7]：深井 有（著）「地球はもう温暖化していない」平凡社（2015/10/17）
- [8]：養老 孟司、竹村 公太郎（著）「本質を見抜く力」PHP新書（2008/9/30）
- [9]：塩野 七生（著）「ローマ人の物語〈27〉すべての道はローマに通ず」新潮文庫（2006/9/28）
- [10]：鬼頭 宏（著）「人口から読む日本の歴史」講談社学術文庫（2000/5/10）
- [11]：日下 公人（著）「人口減少で日本は繁栄する」祥伝社（2005/07）
- [12]：岸博幸の政策ウォッチ「英EU離脱とトランプ躍進で危惧されるエリートの弱体化」（2016//7/8）
- [13]：日経BP社「すぐわかる　IoTビジネス200」（2016/04/19）
- [14]：経済産業省「21世紀からの日本への問いかけ」（平成28年5月）www.meti.go.jp/committee/summary/eic0009/pdf/018_03_00.pdf
- [15]：「第五期科学技術基本計画」（内閣府、2016年1月22日）
- [16]：「第22回総合科学技術・イノベーション会議 議事要旨」（内閣府、2016年9月15日）

【著者略歴】

大野　治（おおの　おさむ）

1948年福岡県生まれ。
1969年、宇部工業高等専門学校電気工学科卒業。同年、日立製作所入社。SE（システムエンジニア）として官公庁・自治体のシステム開発に従事。プロジェクト立て直し請負人として、失敗プロジェクトを次々と成功に導く。2001年より、同社の最大事業である情報・通信事業の生産技術とプロジェクトマネジメントの責任者として、システム開発の生産性向上に取り組む。2009年より、日立製作所執行役常務及び電力システム社CIOを兼務。この頃より、日立グループ各社の経営者からの情報システム刷新と経営改革の支援依頼に基づき、日立グループ各社の改革に取り組む。2012年より、日立システムズ取締役専務として同社の経営統合に伴う情報システム統合、日立グループ情報・通信事業の改革を主導。2014年より、同社特別顧問。2016年、同社退任。2016年、日立製作所内で『SE哲学外来』を開設。
プロジェクトマネジメント学会会長（2007年～2008年）、2014年から同学会アドバイザリボード議長（現職）、国際CIO学会理事（2006年～2011年）を歴任。2001年、埼玉大学にて学位取得（工学博士）。
日立グループの役員時代（2009年～2015年）に取り組んだ経営改革の範囲は、日立グループの約50％（売上比）に及ぶ。

俯瞰図から見える
IoTで激変する日本型製造業ビジネスモデル　NDC580

2016年12月30日　初版1刷発行
2017年5月19日　初版5刷発行

定価はカバーに表示されております。

Ⓒ著　者　大　野　　治
発行者　井　水　治　博
発行所　日刊工業新聞社
〒103-8548　東京都中央区日本橋小網町14-1
電話　書籍編集部　03-5644-7490
　　　販売・管理部　03-5644-7410
　　　FAX　　　　03-5644-7400
振替口座　00190-2-186076
URL　http://pub.nikkan.co.jp/
email　info@media.nikkan.co.jp

印刷・製本　新日本印刷

落丁・乱丁本はお取り替えいたします。　　2016　Printed in Japan
ISBN 978-4-526-07638-1

本書の無断複写は、著作権法上の例外を除き、禁じられています。